国家技术转移专业人员能力等级培训
（塔里木大学南疆技术转移中心）

专利基础知识与申请指导

胡 灿　刘晓静　邢剑飞　主编

中国农业科学技术出版社

图书在版编目（CIP）数据

专利基础知识与申请指导 / 胡灿，刘晓静，邢剑飞主编 . -- 北京：中国农业科学技术出版社，2023.9
 ISBN 978-7-5116-6393-1

Ⅰ.①专… Ⅱ.①胡… ②刘… ③邢… Ⅲ.①专利申请－基本知识 Ⅳ.① G306.3

中国国家版本馆 CIP 数据核字（2023）第 157138 号

责任编辑	张国锋
责任校对	贾若妍　李向荣
责任印制	姜义伟　王思文

出 版 者	中国农业科学技术出版社 北京市中关村南大街 12 号　邮编：100081
电　　话	（010）82109705（编辑室）（010）82109702（发行部） （010）82109709（读者服务部）
网　　址	https://castp.caas.cn
经 销 者	各地新华书店
印 刷 者	北京富泰印刷有限责任公司
开　　本	148 mm×210 mm　1/32
印　　张	6
字　　数	184 千字
版　　次	2023 年 9 月第 1 版　2023 年 9 月第 1 次印刷
定　　价	38.00 元

◆◆◆ 版权所有 · 侵权必究 ◆◆◆

《专利基础知识与申请指导》编委会

主　编　胡　灿　刘晓静　邢剑飞
副主编　王　龙　李　洁　程　慧　施明登
编　者　胡　灿（塔里木大学）
　　　　　刘晓静（塔里木大学）
　　　　　邢剑飞（塔里木大学）
　　　　　王　龙（塔里木大学）
　　　　　李　洁（塔里木职业技术学院）
　　　　　程　慧（兵团科技发展促进中心）
　　　　　施明登（塔里木大学）
　　　　　李　鸿（塔里木大学）
　　　　　李文涛（塔里木大学）

前言

专利是企业科技创新成果的重要部分，体现了企业的核心竞争力。为实现"关键核心技术自主掌控的科技型企业，进入国家科技创新企业第一阵营"的目标，积极响应国资委关于推进中央企业知识产权工作高质量发展的要求，坚持"质""量"并举，"十四五"期间将大幅度提升国内发明、PCT申请的数量，加速专利授权，提升专利拥有数量。

为贯彻落实国家和企业战略，构建促进科技创新的专利机制，特编写本书，以期培育研发人员的专利意识、激发工作人员创新热情、维护发明人的合法权益，进而提高企业对知识产权创造、管理、运用和保护的能力。

本书由以下两部分组成。

（一）专利基础知识：包括基础篇、申请篇、权属篇和国际篇四部分。旨在对专利申请进行规范性引导，以专利基础知识为主线，从整体上介绍与专利申请相关的知识，让发明人初步了解专利挖掘、撰写、提交、评审等关键环节，解答与发明人日常工作相关的常识问题，增强发明人的专利意识。

（二）评审常见问题：包括专利维度评审标准及案例、技术维度评审标准及案例、市场和法律维度评审标准及案例和标准相关专利四部分。选取专利申请中的典型案例，以评审过程中存在的问题为主线，结合评审标准和具体案例进行剖析，为发明人具体应对专利申请的各个阶段提供指引，以提升相关技术人员的专利撰写能力和专利的申请质量。本书主要由塔里木大学胡灿副教授拟定大纲，塔里木大学胡灿、刘晓静、邢剑飞、王龙、施明登等共同编写了第 2、3、5、6、9、10、11、12、13、14 章，塔里木职业技术学院李洁参与编写了第 1、4 章，兵团科技发展促进中心程慧参与编写了第 7、8 章。

编 者

2023 年 7 月

目录

专利基础知识

一、**基础篇** ·· 2
  1. 什么是专利？ ·· 2
  2. 专利有哪些类型？ ·· 3
  3. 什么是专利的新颖性？怎样判断专利的新颖性？ ············ 3
  4. 什么是专利的创造性？怎样判断专利的创造性？ ············ 4
  5. 什么是专利的实用性？怎样判断专利的实用性？ ············ 4
  6. 专利申请人和发明人有什么区别？ ·································· 5
  7. 工作中完成的发明创造，可以以个人名义申请吗？ ········ 5
  8. 专利获得授权后，是不是永久获得保护？ ······················ 5
  9. 在一国申请专利，是不是在世界各国都受到保护？ ········ 6
  10. 申请专利有什么好处？ ·· 6
  11. 为什么越来越重视专利？ ·· 7
  12. 一个专利的生命周期是怎样的？ ······································ 7
  13. 申请专利的收费标准是什么？ ·· 8

二、**申请篇** ·· 12
  14. 哪些方案可以申请专利？ ·· 12
  15. 哪些技术方案是智力活动？ ·· 12

16. 专利申请查新对比文件的检索只限于专利数据库吗？ … 13
17. 专利检索的常用网站都有哪些？ … 13
18. 只有重大创新突破或重大项目产出的技术成果才能申请专利吗？ … 13
19. 专利中的技术方案需要经过测试或商用后才可以提交申请吗？ … 13
20. 如何快速形成专利申请的初步方案？ … 14
21. 提交专利申请，需要准备哪些材料？ … 14
22. 专利申请的相关文件表格如何获取？ … 14
23. 专利申请的提交形式？ … 15
24. 专利申请审批流程是怎样的？ … 15
25. 提交申请时如何排列申请文件？ … 16
26. 申请文件的文字和书写要求是什么？ … 16
27. 既要申请专利，又要发表论文，应该怎么做？ … 17
28. 项目管理过程中，可以从哪些环节加强专利工作 … 17
29. 一件好专利的评价标准是什么？ … 18
30. 如何挖掘专利点，找到专利撰写方向？ … 18
31. 如何更好地撰写专利，让专家快速和准确地了解专利点？ … 19

三、权属篇 … 21

32. 专利未授予时，对外交流应该注意什么？ … 21
33. 甲方委托乙方进行研发，产生的专利权应当归谁？ … 21
34. 项目招投标时，在专利方面可以提哪些要求？ … 21
35. 在与厂商合作时，厂商提出专利许可费，要如何操作？ … 22

四、国际篇 … 23

36. 什么是 PCT 专利？ … 23
37. PCT 专利申请的评审标准是什么？ … 23

38. 申请国际专利的途径有哪些？ ………………………… 23
39. 国际专利申请流程 …………………………………… 24
40. 什么是标准必要专利？如何申请标准专利？ ………… 25

评审常见问题

五、专利维度评审标准及案例 ……………………………… 28
（一）保护客体 …………………………………………… 28
41. 专利保护客体的评审标准 ………………………… 28
42. 项目系统方案不是专利 …………………………… 28
43. 规则定义不是专利 ………………………………… 29
44. 常识性、显而易见的方法不能当成专利 ………… 30
45. 实用新型不是"创造性弱一点的发明" …………… 30
46. 计算机程序可以申请软件著作权的情况 ………… 30
47. 作为技术发明，软件代码可以认为是实施例，能够帮助理解技术，不适宜作为权利保护的依据 ………… 31
48. 不一定非要是实际使用的技术，可以是未来有可能实施的技术 ……………………………………………… 31
（二）充分公开 …………………………………………… 32
49. 充分公开的评审标准 ……………………………… 32
50. 在论文发表、业务宣传等活动前申请专利 ……… 32
51. 查新范围应该包括论文、网页等 ………………… 32
（三）名词使用的规范性 ………………………………… 33
52. 与业界通用名词一致 ……………………………… 33
53. 不用商标或企业内部专用名词 …………………… 33

六、技术维度评审标准及案例 ……………………………… 34
（一）对新颖性、创造性的理解和判定 ………………… 34
54. "新技术"的概念 …………………………………… 34

55. 现有技术在特定领域的判定原则：是否产生新的技术效果 ································ 34
56. 大数据领域技术在特定领域应用的判定 ············· 35
57. 专利检索关键词不应包括应用场景 ················· 35
58. 现有技术的组合取决于是否产生"化学反应" ········ 36

（二）对"实用性"的理解 ································ 36
59. 不是实际应用的价值，是吗？ ······················ 36
60. 通过充分公开证明实用性 ·························· 36
61. 大数据领域充分公开的难度与对策 ················· 37

七、市场和法律维度评审标准及案例 ·················· 38
62. 市场效益的评审标准 ······························ 38
63. 法律保护的评审标准 ······························ 38
64. 侵权取证困难问题，可以公开技术方案 ············· 39
65. 大数据领域侵权取证困难问题的难度与对策 ········· 39

八、标准相关专利 ·································· 40
66. 标准相关专利评审标准 ···························· 40
67. 什么是标准必要专利？如何申请？ ················· 40
68. 关于协议标准定义以及参数设定类的专利的判断准则 ································ 41

九、怎样撰写专利权利要求书 ······················· 42
69. 权利要求书的一般要求 ···························· 42
70. 权利要求书的写法 ······························· 43
71. 权利要求书撰写中常见的错误 ···················· 44
72. 撰写好权利要求书的一般方法 ···················· 44
73. 权利要求书的一般要求可分为独立权利要求与从属权利要求两种 ································ 45
74. 撰写好权利要求书的一般技巧 ···················· 45

十、各领域专利申请的基本特点 ········· 47
　75. 机械机电领域专利申请的基本特点 ········· 47
　76. 电子领域专利申请的基本特点 ········· 48
　77. 通信领域专利申请的基本特点 ········· 50
　78. 半导体领域专利申请的基本特点 ········· 51
　79. 软件领域专利申请的基本特点 ········· 53
　80. 化工领域专利申请的基本特点 ········· 54
　81. 生物医药领域专利申请的基本特点 ········· 58

十一、专利撰写思路与写作模板 ········· 62
　82. 专利申请文档的结构与主要内容 ········· 62
　83. 专利撰写要诀 ········· 65
　84. 专利撰写【模版】 ········· 67
　85. 机械产品专利的权利要求树形表、五要素和三层次 ····· 72
　86. 浅谈专利权利要求书及说明书撰写思路或技巧 ········· 81
　87. 专利申请人为单位，设计人不属于该单位时，是否需要转让证明或其他文件？设计人属于该单位时又该如何？
　　　········· 82
　88. 职务发明与非职务发明是怎样界定的？ ········· 82
　89. 保密专利申请的审批程序是什么？ ········· 83
　90. 专利说明书撰写问题 ········· 83

十二、专利申请及审查详细流程 ········· 86
　91. 专利申请文件的填写和撰写 ········· 86
　92. 专利申请的受理 ········· 86
　93. 申请费的缴纳方式 ········· 86
　94. 申请费缴纳的时间 ········· 86
　95. 专利审批程序 ········· 87
　96. 对专利申请文件的主动修改和补正 ········· 87
　97. 答复专利局的各种通知书 ········· 87

98. 专利申请被视为撤回及其恢复 …………………… 88
99. 办理专利权登记手续 …………………………… 88
100. 办理登记手续应缴纳的费用 …………………… 88
101. 专利权的维持 …………………………………… 88
102. 专利权的终止 …………………………………… 89
103. 专利权的无效 …………………………………… 89

十三、专利业务办理系统操作流程图解及常见问题 ……… 91
104. "移动端"使用流程 …………………………… 92
105. "网页版"使用流程 …………………………… 94
106. "网页版"和"移动端"常见问题解答 ………… 99

十四、专利申请案例 ………………………………………… 102
107. 一种流化浮选分离回收农田残膜的方法及装置 ……… 102
108. 一种圆盘钩齿耙式起膜装置 …………………… 111
109. 一种土壤微塑料分离与提取的装置及方法 …… 120
110. 一种仿生型机械式穴播器鸭嘴 ………………… 128
111. 自走式落地红枣清扫捡拾机 …………………… 138
112. 一种新型红枣在线检测与分选机 ……………… 143
113. 棉桃残膜回收及棉秆粉碎还田联合作业机 …… 149
114. 残膜回收机的刀齿长度与排列密度的设计优化方法及装置 ………………………………………… 156
115. 一种阈值自适应的农田残膜图像二值化和残留量计算的方法及装置 ………………………… 167

参考文献 ……………………………………………………… 177

专利基础知识

一、基础篇

1. 什么是专利？

专利（patent）一词来源于拉丁语 Litterae patentes，意为公开的信件或公共文献，是中世纪的君主用来颁布某种特权的证明。对"专利"这一概念，目前尚无统一的定义，其中较为人们接受并被我国专利教科书所普遍采用的一种说法是：专利是专利权的简称。指专利权人对发明创造享有的专利权，即国家依法在一定时期内授予发明创造者或者其权利继受者独占使用其发明创造的权利，这里强调的是权利。专利权是一种专有权，这种权利具有独占的排他性。非专利权人要想使用他人的专利技术，必须依法征得专利权人的授权或许可。

知识产权的英文为"intellectual property"，其原意为"知识（财产）所有权"或者"智慧（财产）所有权"，也称为智力成果权。根据《民法典》的规定，知识产权属于民事权利，是基于创造性智力成果和工商业标记依法产生的权利统称，知识产权是权利人依法就下列客体享有的专有权利：（一）作品；（二）发明、实用新型、外观设计；（三）商标；（四）地理标志；（五）商业秘密；（六）集成电路布图设计；（七）植物新品种；（八）法律规定的其他客体。

因此，专利（即上述客体二），是知识产权的下位概念。

关于专利，有很多传奇故事，例如，美国专利号为 2292387 的"保密通信系统"专利，其发明者及专利权者就是好莱坞的女星——海蒂·拉玛（Hedy Lamarr），该专利是现代无线通信的核心，CDMA、Wi-Fi 等技术都以此为基础，因此，海蒂·拉玛也被称为 CDMA 之母。1769 年 4 月，瓦特在伦敦取得蒸汽机核心技术的专利，编号为"913"，名称是"一种减少蒸汽机蒸汽和燃油消耗的新发明方法",瓦特的发明创造极大地提高了当时的社会生产力,具有划时代的意义,是第一次工业革命的主要标志。19世纪初,人类进入"蒸汽时代"[1-2]。

2. 专利有哪些类型?

根据国家知识产权局发布的《中华人民共和国专利法》(2021年6月1日起实施)第二条的规定,发明创造是指发明、实用新型和外观设计。

发明,是指对产品、方法或者其改进所提出的新的技术方案。

实用新型,是指对产品的形状、构造或者其结合所提出的适于实用的新的技术方案。

外观设计,是指对产品的整体或者局部的形状、图案或者其结合以及色彩与形状、图案的结合所作出的富有美感并适于工业应用的新设计。

以一辆汽车为例,与汽车相关的技术改进(例如,汽车发动机装置、自动行驶方法等),可以通过发明的方式进行保护,与汽车的形状、构造相关的技术方案(例如,轴承的形状构造),可以通过实用新型的方式进行保护,与汽车外观相关的设计,可以通过外观设计的方式进行保护。

3. 什么是专利的新颖性?怎样判断专利的新颖性?

新颖性,是指该发明或者实用新型不属于现有技术;也没有任何单位或者个人就同样的发明或者实用新型在申请日以前向专利局提出过申请,并记载在申请日以后(含申请日)公布的专利申请文件或者公告的专利文件中。

更具体而言,新颖性是指在申请日以前没有同样的发明或者实用新型在国内外出版物上公开发表过、在国内公开使用过或者以其他方式为公众所知,也没有同样的发明或者实用新型由他人向国务院专利行政部门,即中华人民共和国国家知识产权局提出过申请并且记载在申请日以后公布的专利申请文件中。

申请人在提交专利申请之前,要对其发明创造的新颖性作广泛调查,对其是否具有新颖性要有正确的判断。新颖性的判断要满足下列条件。

(1)在专利申请提交前,没有同样的发明创造在国内外出版物上公开发表过。这里的出版物,不但包括书籍、报刊、杂志等纸件,也包括录音带、录像带及唱片等音像件。

(2)专利申请提交前,在国内没有公开使用过,或者以其他方式为公众所知。所谓公开使用过,是指以商品形式销售或用技术交流等方式进行传播、应用,以至通过电视和广播为公众所知。

(3)在该申请提交前,没有同样的发明创造由他人向专利局提出过专利申请,并且记载在申请日以前公布的专利申请文件中。

4. 什么是专利的创造性?怎样判断专利的创造性?

创造性,是指发明专利申请所要求保护的技术方案相比于现有技术,具有突出的实质性特点和显著的进步。

发明或者实用新型要获得专利权,必须具备创造性。根据专利法的规定,一项发明创造的创造性必须满足下面两个条件。

(1)同申请日以前的已有技术相比有突出的实质性特点;

(2)同申请日以前的已有技术相比有显著进步。

5. 什么是专利的实用性?怎样判断专利的实用性?

实用性,申请专利的发明创造,能够在工农业及其他行业的生产中制造、或能够在产业上或生活中应用,并能产生积极的效果。

实用性是发明或者实用新型专利申请授予专利权的又一必要条件。《专利法》规定:"实用性,是指该发明或者实用新型能够制造或者使用,并且能够产生积极效果。"

能够制造或者使用,是指发明创造能够在工农业及其他行业的生产中大量制造,并且应用在工农业生产上和人民生活中,同时产生积极效果。

这里必须指出的是，专利法并不要求其发明或者实用新型在申请专利之前已经经过生产实践，而是分析和推断在工农业及其他行业的生产中可以实现。

6. 专利申请人和发明人有什么区别？

专利申请人可以是发明人、可以是获得发明人转让专利申请权的人，也可以是职务发明创造中的单位，发明人指创新贡献的人。

更具体而言，专利申请人是指对某项发明创造依法律规定或合同约定享有专利申请权的自然人、法人或者其他组织；或者说，专利申请权人就是有资格就发明创造提出专利申请的自然人、法人或者其他组织。根据专利法实施细则第十三条规定，发明人是指对发明创造的实质性特点作出创造性贡献的人。

7. 工作中完成的发明创造，可以以个人名义申请吗？

根据专利法第六条的规定，执行本单位的任务或者主要是利用本单位的物质技术条件所完成的发明创造为职务发明创造。职务发明创造申请专利的权利属于该单位，申请被批准后，该单位为专利权人。该单位可以依法处置其职务发明创造申请专利的权利和专利权，促进相关发明创造的实施和运用。利用本单位的物质技术条件所完成的发明创造，单位与发明人或者设计人订有合同，对申请专利的权利和专利权的归属作出约定的，从其约定。

8. 专利获得授权后，是不是永久获得保护？

《中华人民共和国专利法》第四十二条，发明专利权的期限为二十年，实用新型专利权的期限为十年，外观设计专利权的期限为十五年，均自申请日起计算。且前述期限届满后，无法申请继续授权，即期满后，专利权必须终止。

9. 在一国申请专利，是不是在世界各国都受到保护？

专利具有地域性，地域性是指一个国家或一个地区所授予和保护的专利权仅在该国或地区的范围内有效，对其他国家和地区不发生法律效力，其专利权是不被确认与保护的。如果专利权人希望在其他国家享有专利权，那么，必须依照其他国家的法律另行提出专利申请。

10. 申请专利有什么好处？

对企业而言，申请专利有以下几项好处。

（1）通过法定程序确定发明创造的权利归属关系，从而有效保护发明创造成果，独占市场，以此换取最大的利益。

（2）在市场竞争中争取主动，确保自身生产与销售的安全性。

（3）国家对专利申请有一定的扶持政策，会给予部分政策、经济方面的帮助。

（4）构成技术壁垒，其他人要想研发类似技术或产品就必须得经专利权人同意。

（5）可以促进产品的更新换代，也提高产品的技术含量，以及提高产品的质量、降低成本，使企业的产品在市场竞争中立于不败之地。

（6）拥有自主知识产权的企业既是消费者趋之若鹜的强力企业，同时也是政府各项政策扶持的主要目标群体。

（7）专利除具有以上功能外，拥有一定数量的专利还作为企业上市和其他评审中的一项重要指标。总之，专利既可用作盾，保护自己的技术和产品；也可用作矛，打击对手的侵权行为。充分利用专利的各项功能，对企业的生产经营具有极大的促进作用。

对发明人个人而言，体现科研能力，可用来职称评定，能够获得奖励，并具有发明人署名权，满足相应的考核指标，有助于获得高级别的奖项。

11. 为什么越来越重视专利？

首先，申请专利可以保护企业的创新成果。申请专利可以有效地确保企业在创新领域的成果不被他人抄袭或者是侵权。专利授予的独占权可以使企业能够合法地拥有创新成果，并通过授权或许可合作等方式获取经济回报。这对企业来说是极为重要的，这样不仅可以激励企业不断进行创新和研发活动，还能提高市场竞争能力。

其次，申请专利还能够帮助企业建立良好的商誉和品牌形象。拥有专利证书的企业可以向市场展示自己在特定领域的创新能力和技术实力。这不仅可以吸引更多的投资和合作机会，还能为企业赢得消费者的认可和信任。

最后，申请专利对于企业的法律保护也是至关重要的。在日益复杂的法律环境下，专利提供了企业合法权益的保护和维护。一旦发生侵权行为，企业可以依据专利权进行维权，维护自身的合法权益。专利提供了一种公认和可执行的法律保护措施，使企业能够在法律层面上维权，确保创新成果的合法性和稳定性。

综上所述，申请专利是保护创新成果、维护竞争优势的必要手段。它不仅能够保护企业的创新成果，建立良好的商誉和品牌形象，还有助于技术转移和法律保护。

12. 一个专利的生命周期是怎样的？

专利法第四十二条规定，发明专利权的期限为二十年，自申请日起计算，这个期限被大概分成3个阶段：(1) 从申请日到申请公布日为第一阶段；(2) 从申请公布后至批准前为第二阶段；(3) 从批准到专利权期限届满是专利权期限的第三阶段。

以发明为例，其具体的生命周期如下图所示。

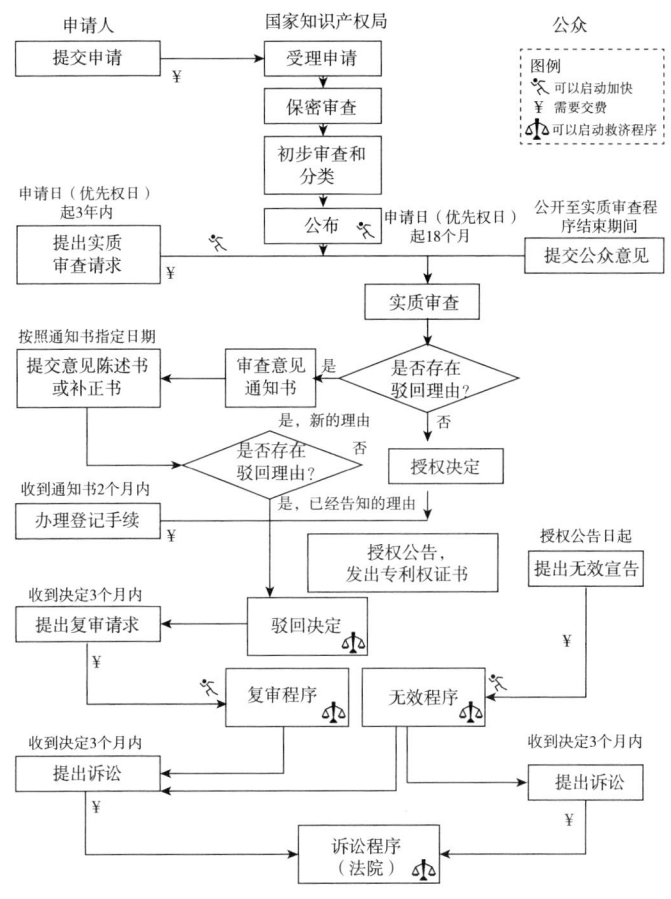

国家知识产权局发明专利生命周期图

13. 申请专利的收费标准是什么?

依据《国家发展改革委 财政部关于重新核发国家知识产权局行政事业性收费标准等有关问题的通知》(发改价格〔2017〕270号)和《财政部国家发展改革委关于停征、免征和调整部分行政事业性收费有关政策的通知》(财税〔2018〕37号)文件要求,专利收费标准分为国内部分和PCT申请收费[3]。

国内部分：

1. 申请费：(1) 发明专利：900元；(2) 实用新型专利：500元；(3) 外观设计专利：500元；

2. 申请附加费：(1) 权利要求附加费从第11项起每项加收150元，(2) 说明书附加费从第31页起每页加收50元，从第301页起每页加收100元；

3. 公布印刷费：50元；

4. 优先权要求费（每项）：80元；

5. 发明专利申请实质审查费：2500元；

6. 复审费：(1) 发明专利：1000元；(2) 实用新型专利：300元；(3) 外观设计专利：300元；

7. 年费

（1）发明专利：1～3年，每年900元；4～6年，每年1200元；7～9年，每年2000元；10～12年，每年4000元；13～15年，每年6000元；16～20年，每年8000元；

（2）实用新型专利、外观设计专利：

1～3年，每年600元；4～5年，每年900元；6～8年，每年1200元；9～10年，每年2000元；

8. 年费滞纳金

每超过规定的缴费时间1个月，加收当年全额年费的5%；

9. 恢复权利请求费：1000元；

10. 延长期限请求费

（1）第一次延长期限请求费：每月300元；(2) 再次延长期限请求费：每月2000元；

11. 著录事项变更费

发明人、申请人、专利权人的变更：200元；

12. 专利权评价报告请求费

（1）实用新型专利：2400元；(2) 外观设计专利：2400元；

13. 无效宣告请求费

（1）发明专利权：3000元；

（2）实用新型专利权：1500元；
（3）外观设计专利权：1500元；
14. 专利文件副本证明费：每份30元。

注：（1）对经济困难的专利申请人或专利权人的专利收费减缴按照《专利收费减缴办法》有关规定执行。（2）对进入实质审查阶段的发明专利申请，在第一次审查意见通知书答复期限届满前（已提交答复意见的除外）主动申请撤回的，可以请求退还50%的专利申请实质审查费。

PCT申请收费部分

（一）PCT申请国际阶段部分

1. 国家知识产权局代世界知识产权组织国际局收取的费用。国家知识产权局代世界知识产权组织国际局收取的费用（国际申请费、手续费），其收费标准和减缴规定参照《专利合作条约实施细则》执行，实际收费以国家知识产权局确定的国际申请日所在月国家外汇管理局公布的汇率计算。

2. 国家知识产权局收取的费用

（1）检索费：2100元，附加检索费2100元；（2）优先权文件费：150元；（3）初步审查费：1500元，初步审查附加费：1500；（4）单一性异议费：200元；（5）副本复制费：每页2元；（6）后提交费：200元；（7）恢复权利请求费：1000元；（8）滞纳金按未缴纳费用的50%计收，若高于国际申请费（不含申请附加费）的50%，按国际申请费的50%计收。

（二）PCT申请进入中国国家阶段部分

1. 宽限费：1000元；
2. 译文改正费：初审阶段，300元；实审阶段，1200元；
3. 单一性恢复费：900元；
4. 优先权恢复费：1000元。

注：由中国国家知识产权局作为受理局受理的PCT申请在进入国家阶段时免缴申请费及申请附加费；提出实质审查请求时，减缴50%的实质审查费。由中国国家知识产权局作出国际检索报告或专利性国际初步报告的PCT申请，在进入国家阶段并提出实质审查请求时，免缴实质

审查费。由欧洲专利局、日本特许厅、瑞典专利局3个国际检索单位作出国际检索报告的 PCT 申请,在进入国家阶段并提出实质审查请求时,减缴 20% 的实质审查费。PCT 申请进入中国国家阶段的其他收费标准依照国内部分执行。

代收税标准

依据:《中华人民共和国印花税暂行条例》(国务院令第 11 号)和《财政部税务总局关于实施小微企业普惠性税收减免政策的通知》(财税〔2019〕13 号)要求:

1. 印花税(办理登记手续时缴纳):每件 5 元;
2. 增值税小规模纳税人印花税减半征收:每件 2.5 元。

二、申请篇

14. 哪些方案可以申请专利?

《专利审查指南》中对技术方案的定义是:对要解决的技术问题所采用的利用了自然规律的技术手段的集合;技术手段通常是由技术特征体现的;未采用技术手段解决技术问题以获得符合自然规律的技术效果的方案,不属于我国专利法中的技术方案,也就不属于发明或实用新型专利保护的客体。

因此,清楚完整地描述发明或实用新型解决其技术问题所采取的技术特征组合的技术方案,才符合申请专利的标准。

15. 哪些技术方案是智力活动?

智力活动,是指人的思维运动,它源于人的思维,经过推理、分析和判断产生出抽象的结果,或者必须经过人的思维运动作为媒介,间接地作用于自然产生结果。智力活动的规则和方法是指导人们进行思维、表述、判断和记忆的规则和方法。由于其没有采用技术手段或者利用自然规律,也未解决技术问题和产生技术效果,因而不构成技术方案。它既不符合专利法第二条第二款中关于发明的规定,又不属于专利法第二十五条第一款第(二)项规定的情形。因此,指导人们进行这类活动的规则和方法不能被授予专利权。

在提交通信类发明时,要避免使用倾向于人为定义的规则、算法的动词,例如,"对文本进行分类"就存在被认定为仅仅是根据定义的规则对文本进行人为分类的风险,相比之下,将其表述为"获取文本的类别属性",表达的是相同的意思,却更能够体现其是一个计算机程序执行动作,表明权利要求所保护的是一个技术方案。

16. 专利申请查新对比文件的检索只限于专利数据库吗？

不仅是专利数据库中公开的专利，还包括文库、互联网，比如百度文库、知网、IEEE 等。

17. 专利检索的常用网站都有哪些？

各主要国家及地区专利局官网如下：
国家知识产权局：http://pss-system.cnipa.gov.cn；
欧洲知识产权局：https://worldwide.espacenet.com；
美国国家知识产权局：https://globaldossier.uspto.gov/；
日本专利厅：https://www.j-platpat.inpit.go.jp/。
国内商业检索网站如下：
Patentics：https://www.patentics.com/；
智慧芽：https://www.zhihuiya.com/；
incoPat：https://www.incopat.com/；
知产宝：https://www.iphouse.cn/ 等。

18. 只有重大创新突破或重大项目产出的技术成果才能申请专利吗？

在发明专利授权的判断标准中，关于创造性，要求与现有技术相比具有突出的实质性特点和显著的进步，因此，即使不是重大创新突破或重大项目产出的技术成果，只要符合上述创造性的标准以及新颖性、实用性的要求，也能获得授权。

19. 专利中的技术方案需要经过测试或商用后才可以提交申请吗？

技术方案只要理论上可以实施就能申请专利，经过测试或商用不是必需的条件。

20. 如何快速形成专利申请的初步方案？

根据日常研发工作中所存在的背景技术的技术问题以及解决该技术问题的技术方案，形成专利申请方案雏形。背景技术是指所要申请的发明创造的领域，其同类技术、产品处于一种什么样的技术状态，具有什么样的结构、性能和原理，以及现有技术中存在的缺陷或问题。

21. 提交专利申请，需要准备哪些材料？

发明人申请专利需要提交以下申请文件：专利申请技术交底书、专利申请审定单、专利申请推荐信、专利代理明细表。

其中，专利申请技术交底书包括背景技术、附图、技术方案。

关于背景技术，主要针对所申请发明创造的领域，其同类技术、产品处于一种什么样的技术状态，具有什么样的结构、性能和原理进行说明，重点在客观地讲明其在结构上、使用上所存在的实际问题和缺点。

关于附图，应按制图标准绘制，图的大小应以 A4 纸大小为准，一般只要分解图、装配后的剖图等，图幅数不限，直到表示清楚完整为止。

关于技术方案，要结合附图（包括电路图、流程图）的具体结构进行详细说明，比如：机械类的零部件名称，它们的相互装配关系、形状、位置所起到的作用；化工类的加工方法、具体配方、成分等；电学类申请中的电路方框图，电路图的连接配置关系、工作原理说明，集成电路型号及管脚接线关系。一般应达到同行看到该部分材料后能够完全搞清楚，并能实施为准。

22. 专利申请的相关文件表格如何获取？

申请专利时，需要使用由专利局统一制定的表格。可以从国家知识产权局网站上下载这些表格，下载地址为 /col/col192/index.html。此外，也可以前往专利局受理大厅的咨询处获取或者通过信函方式向国家知识产权局专利局初审及流程管理部发文处索取。另外还可以向各地的国家知识产权局专利局代办处索取所需的表格。但需要注意的是，每个专利申请只能使用一张表格。

在准备申请文件时,纸张质量应与复印机纸质相当,不能出现无用文字、记号、框和线条等。所有文件都应使用A4尺寸(210毫米×297毫米)的纸张。申请文件应单面打印,并保持纵向排列。文字应从左至右书写,纸张的左边和上边各留出25毫米的空白,右边和下边各留出15毫米的空白区域。

23. 专利申请的提交形式?

申请人应当以电子形式或者书面形式提交专利申请。

(1)申请人以电子文件形式申请专利的,应当事先办理电子申请用户注册手续,通过专利局专利电子申请系统向专利局提交申请文件及其他文件。

(2)申请人以书面形式申请专利的,可以将申请文件及其他文件当面交到专利局的受理窗口或寄交至"国家知识产权局专利局受理处"(以下简称专利局受理处),也可以当面交到设在地方的专利局代办处的受理窗口或寄交至"国家知识产权局专利局×××代办处"。目前专利局在北京、沈阳、济南、长沙、成都、南京、上海、广州、西安、武汉、郑州、天津、石家庄、哈尔滨、长春、昆明、贵阳、杭州、重庆、深圳、福州、南宁、乌鲁木齐、南昌、银川、合肥、苏州、海口、兰州、太原等城市设立代办处。查询专利局代办处信息可登录http://www.cnipa.gov.cn/。

国防知识产权局专门受理国防专利申请。

24. 专利申请审批流程是怎样的?

依据专利法,发明专利申请的审批程序包括受理、初审、公布、实审以及授权5个阶段。实用新型或者外观设计专利申请在审批中不进行早期公布和实质审查,只有受理、初审和授权3个阶段。

发明、实用新型和外观设计专利的申请、审查流程图如下:

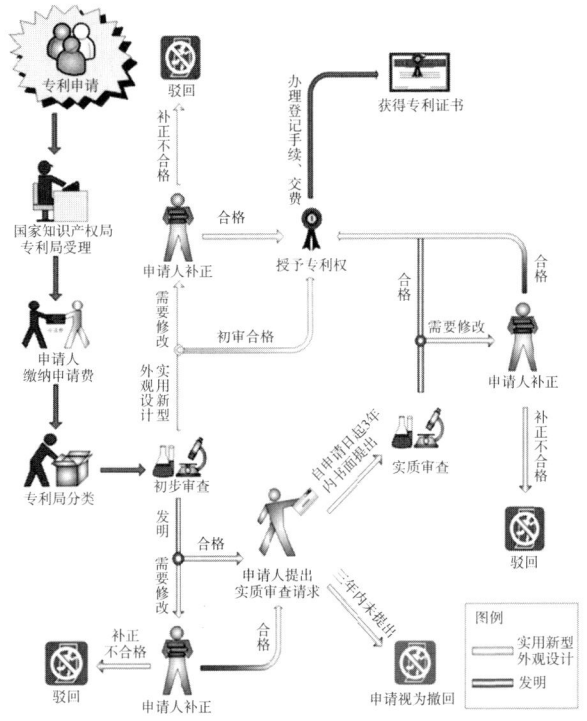

发明、实用新型和外观设计专利的申请、审查流程图

25. 提交申请时如何排列申请文件？

在提交发明或实用新型专利申请文件时，需要按照以下顺序进行排列：请求书→说明书摘要→摘要附图→权利要求书→说明书（包括氨基酸或核苷酸序列表）→说明书附图。

而对于外观设计专利申请文件，排列顺序如下：请求书→相关的图片或照片→简要说明。

在每个申请文件部分中，都应使用阿拉伯数字对页码进行顺序编排，以确保文件的完整和有序。

26. 申请文件的文字和书写要求是什么？

在申请文件的各部分中，都必须使用中文进行书写。对于外国人名、地名和科技术语，如果没有统一的中文译文，需要在中文译文后的括号内注明原文。

申请文件中的字体应使用宋体、仿宋体或楷体。字迹应为黑色，字高应在 3.5～4.5 毫米，行距应在 2.5～3.5 毫米。

对于附图部分，线条应该均匀清晰，不得有涂改。不允许使用工程蓝图作为附图。

27. 既要申请专利，又要发表论文，应该怎么做？

问：若已写好并准备发表一篇论文，投稿前想申请专利加以保护，能否将论文内容直接作为专利申请？

答：在人工智能/AI类的申请中，大部分申请中写了算法的具体原理，包括很多公式，但是这些往往属于对现有技术的一般性描述，虽然可能是业界比较新的技术，但是不构成申请的新颖性和创造性因素，从专利申请的可专利性来说，只需要知道申请人所采用的业界新技术被应用到当前场景中时所起的积极作用，不需要了解现有技术的所有细节，因此建议在申请中写明所采用的技术，必要时可以指出所引用的文件，重点聚焦创新点即可。

另外，专利和论文的区别在于：（1）专利被授权之后就是一种私有的排他性的独占权利，且需要持续向国家缴纳年费来维持权利有效；论文的发表只需要缴纳版面费，且发表之后无须向任何政府部门或组织缴纳任何费用，一直在出版媒介上存在；（2）专利需要经过多轮次的审查才有可能被授权，且授权之后获得的权利也还有可能被无效；论文只需经过专家或编辑评审，符合学术要求即可，论文发表之后除非存在严重的抄袭问题或造假问题被从出版媒介上撤下之外，会一直存在。

同一项技术，如果先发表论文再申请专利，该论文可能会成为专利申请的现有技术，进而导致该专利丧失新颖性而不能得到授权。

28. 项目管理过程中，可以从哪些环节加强专利工作

在研发项目全过程中，均需要注意专利管理，强调培养专利意识，在项目研发过程中注重专利保护，注意专利申请数量提升的同时，也应

加强对专利质量的管理。

29. 一件好专利的评价标准是什么？

专利质量的好坏关键取决于是否具备专利的三性：新颖性、创造性、实用性。专利的新颖性要求如下。

（1）没有同样的发明创造在国内外出版物上公开发表过；

（2）在国内外没有公开使用过，或者以其他方式为公众所知；

（3）没有同样的发明创造由他人向专利局提出过专利申请。

新颖性是客观性和否决性指标，其中关键词是"查新"。在专利撰写中需注重以准确的关键词尽量全面查找和本专利接近的专利进行对比，如有第三方代理机构帮助查新则更加全面。

专利的创造性要求如下。

（1）与已有技术相比有突出的实质性特点；

（2）与已有技术相比有显著进步。

一般审查过程中，审查员对创造性的判断，带有一定主观性和灵活性，其中关键词是"进步"。在专利撰写中需注重描述出解决问题的技术方法和现有技术方法的区别以及优势。

专利的实用性要求如下。

实用性是指该发明或者实用新型能够制造或者使用，并且能够产生积极效果。

实用性带有一定主观性和灵活性，其中关键词是"可用"。在专利撰写中需注重描述此专利在哪些项目或者产品领域应用，能够形成的收入和价值。

总的来说，撰写专利必须通过新颖性要求，同时创造性和实用性必须加强其中之一，如果两者兼备则往往能成为优秀专利。

30. 如何挖掘专利点，找到专利撰写方向？

这是很多发明人遇到的问题和困惑，自己做了不少项目，项目成果也不少，但是挖掘不出专利点或者专利点不准确。找出专利点的方向如下。

（1）标准性专利；

（2）技术规范（首创的定义、方法、架构、接口，注意是否可形成标准）；

（3）现网问题（与别人解决问题采用的差异化方法或者独有的方法）；

（4）头脑风暴（往往是新产品创新，注意与产品业务的关联性，对产品实现要有把握）。

有了专利方向，还要学会做提炼和包装，这是从大而全到小而精的过程。

（1）保护点是什么（反复拷问自己）？

（2）1→N，拆解和分割（最小化权利要求，是否可分拆多个专利）；

（3）业务语言→技术语言（专利必须采用技术方法的阐述方式撰写，避免业务流程和管理方法描述）。

31. 如何更好地撰写专利，让专家快速和准确地了解专利点？

核心在于按照以下3个步骤进行撰写。

（1）需要描述专利解决什么问题。其核心是描述在什么产品和项目中解决什么问题。

（2）如何解决问题（创造性）。其核心是比较技术方案的差异点，现有技术或者现网方案是怎样的？而本方案的解决方法是什么？如下图所示。

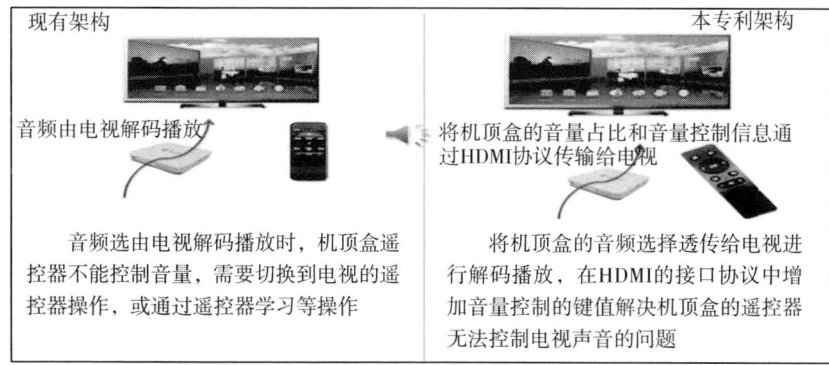

（3）专利起到什么效果。专利应用场景的规模、收入和降低成本等，实事求是不用过分夸大，最好有应用证明。

其他撰写技巧：避免整体架构、技术方案、业务流程、算法程序、协议字段的专利保护；避免太过宏观或者太过微观的描述，太宏观没有准确的保护点（广泛不聚焦），太微观则很容易被规避（保护点过窄稍作改变就可规避）。

三、权属篇

32. 专利未授予时,对外交流应该注意什么?

为了保证"相同的技术只被授予一项专利权"的原则得以实现,专利法规定,当两个或两个以上的人就同样的技术分别向专利局提出专利申请时,专利权授予最先提出申请的人。专利法规定的这一原则被称为先申请制。因此,在申请尚未公开时,申请人要注意保密。在对外沟通涉及专利申请时,应与对方约定保密。

33. 甲方委托乙方进行研发,产生的专利权应当归谁?

根据民法典第八百五十九条的规定,委托开发完成的发明创造,除法律另有规定或者当事人另有约定外,申请专利的权利属于研究开发人。

根据《合同法》的相关规定,合作开发中专利权的归属,有约定的从约定,当事人对专利权归属没有约定的,申请专利的权利由合作开发的当事人共同享有;当事人一方转让其共有的专利申请权的,其他各方享有优先受让权;合作开发当事人一方不同意申请专利的,另一方或者其他各方不得申请专利;合作开发的当事人一方声明放弃其共有的专利申请权的,可以由另一方单独申请或者其他各方共同申请;申请人取得专利权的,放弃专利申请权的一方可以免费实施该专利。

34. 项目招投标时,在专利方面可以提哪些要求?

可以约定专利权属的归属,以及专利技术的使用限制。

35. 在与厂商合作时，厂商提出专利许可费，要如何操作？

实施他人的专利技术或许可他人实施的专利技术，应签订专利实施许可合同，专利实施许可合同应当到合同签订地或者被许可方所在地的专利管理机关认定登记。通过与对方建立专利实施许可合同，约定明确的许可范围，通过签订许可合同，被许可人向许可人支付一定的费用，取得实施许可人专利的权利。

专利实施许可一般可分为以下几种。

（1）普通许可，又称非独占许可。指许可人允许被许可人在特定地域实施其专利，但许可人保留自己实施和再许可其他人实施该专利的权利。

（2）独占许可。指许可人允许被许可人在一定地域内享有独占实施其专利的权利，许可人不能再许可该区域内任何第三人实施，并且自己也不能在该区域内实施。

（3）排他许可。指许可人允许被许可人在一定地域内独家实施其专利，并不再许可该区域内任何第三人实施，但许可人自己保留实施的权利。

（4）分许可。一般来说被许可人无权再许可其他人实施有关专利。但是，在许可人同意并且在合同中有明文约定时，被许可人也可以自己的名义许可第三人实施。专利分许可一般是普通许可。在向第三人授予分许可时，被许可人需对其许可人负责。

四、国际篇

36. 什么是 PCT 专利？

PCT 是专利合作条约（Patent Cooperation Treaty）的简称，是在专利领域进行合作的国际性条约。其目的是当同一发明创造向多个国家申请专利时，减少申请人和各个专利局的重复劳动。我国于 1994 年 1 月 1 日加入 PCT，同时国家知识产权局作为受理局、国际检索单位、国际初步审查单位，接受公民、居民、单位提出的 PCT 国际申请。需要注意的是，专利申请人只能通过 PCT 申请专利，不能直接通过 PCT 得到专利（PCT 申请分为国际阶段和国家阶段）。要想获得某个国家的专利，专利申请人还必须履行进入该国家的手续，由该国的专利局对该专利申请进行审查，符合该国专利法规定的，授予专利权。

37. PCT 专利申请的评审标准是什么？

PCT 专利申请的目的是在海外目标国申请专利并获得授权（如欧洲国家、美国、韩国、日本、印度等）。通常价格比较贵，因此应该选择有市场应用价值的专利。

PCT 专利申请主要面向 3 种类型：前瞻技术研究基础性专利、潜在标准相关专利、产品实施相关专利等涉及企业技术、标准和产品的核心专利。按照评审要求，需满足专利方案具有运营商特色、有一定技术比较优势、有较为广泛的海外应用前景等条件。此外，还会考虑侵权证据是否容易获得，目标国是否存在相关竞争对手，仅仅是运营商使用还是各行业都会使用等因素。

38. 申请国际专利的途径有哪些？

目前申请人向国外申请专利有两种途径。

（1）传统的巴黎公约途径。若想获得多个国家或地区的专利，申请人应自优先权日起十二个月内分别向多个国家或地区专利局提交多份申请文件，并缴纳规定的费用。

（2）PCT途径。申请人可以直接向国家知识产权局（受理局）提交一份PCT国际申请，要求优先权的，应在自优先权日起十二个月内提出。由受理局确定的国际申请日，在PCT的所有成员国中自国际申请日起具有正规国家申请的效力。申请人可以自优先权日起三十个月内向欲获得专利保护的国家或地区专利局办理进入国家阶段的手续。各个国家或地区专利局将依据本国的国家法对于成功进入国家阶段的PCT国际申请作出是否授予专利权的决定。

39. 国际专利申请流程

以PCT国际申请为例，如下图所示，PCT国际申请的两个阶段分为国际阶段和国家阶段。PCT国际申请先要进行国际阶段程序的审查，然后再进入国家阶段程序的审查。申请的提出、国际检索和国际公布在国际阶段完成。如果申请人要求，国际阶段还包括国际初步审查程序。是否授予专利权的工作在国家阶段由被指定/选定的各个国家或地区专利局完成。

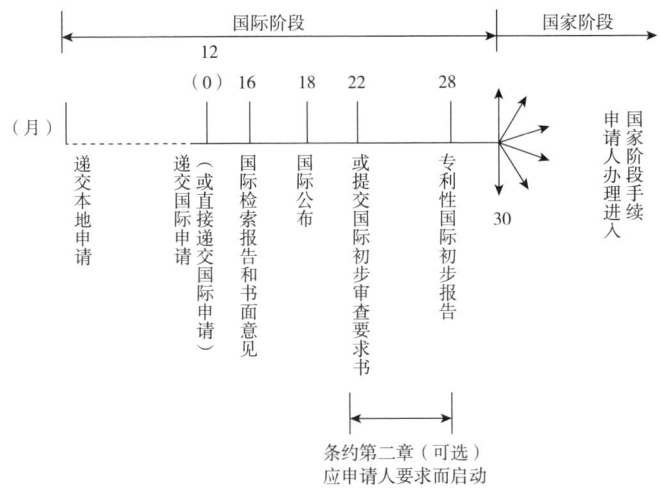

PCT国际专利申请流程图

40. 什么是标准必要专利？如何申请标准专利？

标准必要专利（Standards-Essential Patents，SEP），目前尚无统一明确的定义，根据国务院知识产权战略工作部国际联席会议办公室战略研究报告的内容可知，如果技术标准的实施必须以侵害专利权为前提，则即使存在其他可以被纳入标准的技术，该专利对相关技术标准而言，就是必要的专利。

通常，一个发明构思要演变成为标准必要专利，需要经历两个并行的过程，一个是标准制定过程，另一个是专利申请过程。以右图为例进行说明。

其中，关于技术标准制定过程，从实践角度看，各标准组织制定了不同的程序，大致可分为需求阶段、方案讨论阶段、方案确定阶段、标准发布阶段以及标准的维护及版本更新阶段，直至版本冻结，标准化工作完成。与标准制定流程并行的专利申请，一般在标准需求阶段就已经开始了初始的专利申请或者称之为布局工作，在初始布局阶段，随着标准制定的推进，标准组织中技术方案的通过或否决，专利申请人可以对专利进行主动修改或者根据审查意见进行修改，或者提出方案。

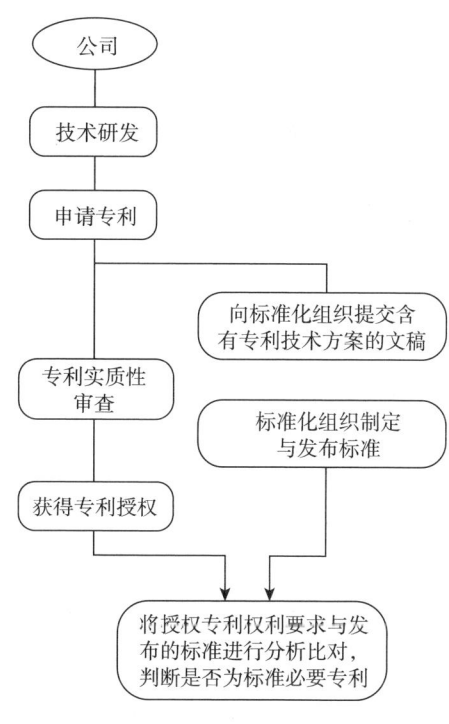

评审常见问题

五、专利维度评审标准及案例

（一）保护客体

41. 专利保护客体的评审标准

发明专利保护对产品、方法或者其改进所提出的新的技术方案；实用新型专利保护对产品的形状、构造或者其结合所提出的适于实用的新的技术方案。

42. 项目系统方案不是专利

问：若某项目系统方案采用了很多新技术，部署以后大大提升了网络质量，得到领导和客户的一致好评，还评上了科技进步奖，可为什么其不属于专利保护的客体？

答：上述申报材料，是整个项目系统方案的描述，包括系统架构、系统各个模块的功能与相互关系、各功能模块的具体实现；但是对于专利来说，如果专利是要保护一个新的技术，只需要描述其中的一个创新点即可，如果要保护一系列技术的组合方式，那么专利文件也只需要描述是哪些技术、怎样组合起来的方案即可，不需要描述各个模块的具体实现细节。

因此，在初次撰写专利时，直接移用项目汇报文档的内容作为专利申报材料是比较常见的"通病"，这会造成两个方面的问题。

（1）保护点不清晰：由于是整个项目的全面汇报，往往很难看出创新点到底在哪里。另外，由于文档内容丰富，在评审时，即使因为担心错过真正的创新点而尽量探寻可能的创新点，也常常无功而返，因为移用项目汇报的撰写人可能也没有想清楚创新点在哪里。

（2）对创新点的保护不力：即使发现了可能有价值的创新点，按照整个项目汇报文档的描述方法，也难以保护真正的创新点。因为从专利侵权的角度来说，只有符合申报文件的所有技术特征，才会被认定为侵权，而在无关紧要的小细节上和整个项目稍有不同，就不会被判定为侵权。因此，与创新点无关的特征描述越多，该专利保护的范围就越小，保护就越不力。

43. 规则定义不是专利

问：若申请"一种告警级别的分类方法"这样的技术方案，具体来说，链路中断次数大于 1000 次 / 分钟为严重告警，链路中断次数介于 1000 次 / 分钟和 500 次 / 分钟为次严重告警，链路中断次数介于 500 次 / 分钟和 100 次 / 分钟之间为一般告警，链路中断次数低于 100 次 / 分钟为轻微告警等，并且针对不同的告警级别进行不同的处理，请问这样的方案可以吗？

答：这是主观定义的规则，属于管理上的分级标准，没有技术效果，不能作为专利申请。但是，如果该规则和其他技术特征结合能够产生技术上的有益效果，则可以认为属于专利保护的技术。

具体的，以上述告警为例，如果这个阈值的划分更多体现的是人为因素，例如将严重告警的次数增加或者减小一些，对于实现来说并没有太多技术上的影响，可以相对自由地人为设定，则申请后不容易说服审查员这不是人为规则的定义。如果该阈值受其他技术因素的影响和制约，不可以根据人为的规定而改变，同时这样划分可以带来强相关的技术效果（该效果不是可以针对不同的警告级别进行不同的处理），则可能说服审查员该规则可以带来技术效果。但总体来讲，如果发明点仅在于一个规则，申请后说服审查员具有创造性的可能性比较小。

在通信领域，通信标准协议中，常见"技术安排"的方案，其确实利用了科学规律（例如，移动通信子载波的干扰分布规律），并且达到一定的技术效果（例如，通过合理安排子载波，保证重要信道的质量，合理利用频率资源），可以被认为是技术而非简单的管理规则。这种情况在通信领域比较常见，值得深入理解。

44. 常识性、显而易见的方法不能当成专利

问：关于移动通信系统中保持业务连续性的以下方法，能否申请专利，终端测量周围小区的信号强度，当超过某一门限后，终端断开当前小区的连接，再与新的小区建立连接，继续原先的业务。

答：对于非本领域技术人员，阅读上述文字，可能会将上述方案判定为具备创新的特性，但对于从事移动通信的技术人员来说，上述技术方案属于普通的小区间切换，即使没有提到"切换"这一名词，其实质上，也只是移动通信领域常识性的方法，因此，不能申请专利。

问：以下的技术方案能否申请专利，"一般情况下，室外基站都是靠自然通风散热，为了增加散热效果，提出在机箱外壳上开洞放置一个风扇，并放置一个温度传感器，当实际温度高于门限温度时，开启风扇"。

答：这属于对本领域技术人员很容易想到的"显而易见"的方法，不能申请专利。

45. 实用新型不是"创造性弱一点的发明"

问：若某技术方案的创造性有点弱，能否将其申请实用新型？

答：不一定，需要根据该技术方案的内容具体判断，具体而言：从定义上来说，实用新型是"对产品的形状、构造或其结合所提出的适于使用的新的技术方案"，简单理解，实用新型保护的是"看得见、摸得着"的产品；而发明专利则既保护产品又保护方法，所以实用新型不是"创造性弱一点的发明"，要看保护对象是否适合申请实用新型。

由于实用新型只作初步审查，不做实质审查，因此授权比较快；在实践中，也常常有一种做法，就是一个新产品可以同时申请发明和实用新型，这样可以兼顾快速获得权利和尽量延长保护时间的需求。

46. 计算机程序可以申请软件著作权的情况

问：计算机程序如何保护知识产权？

答：一般来说，计算机程序如果只是想保护自己的工作实践不被盗用，申请软件著作权比较合适；如果是想保护以计算机程序为体现形式的技术方案，则建议把技术方案提炼出来，以专利形式加以保护。

47. 作为技术发明，软件代码可以认为是实施例，能够帮助理解技术，不适宜作为权利保护的依据

问：若某项技术发明可以用软件代码清楚地表达，能否直接用软件代码作为权利要求申请专利？

答：软件代码确实可以清楚地表达技术，但是，专利的保护是根据权利要求的表述来判断的，而权利要求的语言不允许用程序代码。因此，程序代码包含的技术方案必须转换成自然语言的表述才可能在权利要求中体现和保护。

如果两段软件代码使用的编程语言不同，但是表达的技术方案是完全一致的，在专利侵权判断时也未必能判断为侵权，所以用软件代码作为发明的权利要求不能很好地保护专利技术；从这个意义上来说，可以认为软件代码是技术方案的一个实施例，但它不能用来取代权利要求中技术特征的表述。

所以，如果发明人只想保护自己的技术实践，避免被诉侵权，建议申请软件著作权；如果发明人想保护技术方案，建议提炼成用自然语言表达的权利要求。

48. 不一定非要是实际使用的技术，可以是未来有可能实施的技术

问：在项目推进过程中，讨论过好几种技术方案，其中有些技术虽然最后没有被实际的项目采纳，但是检索中没有查到现有技术，这种技术可以申请专利吗？

答：在工作实践中没有被采纳实施的技术，是有可能申请专利的，因为专利保护的是想法，不是实践。比如说，如果一项技术从理论上分析是可以取得有益效果的，但是实施该技术的一些前提条件现在还不具备，这并不影响这项技术本身的完整性，就可以申请专利。另外，未来

储备型的技术，例如，关于 6G 的技术方案，也可以提前申请专利。

（二）充分公开

49. 充分公开的评审标准

充分公开是指专利文件要对技术方案进行清楚、完整的说明，使得所属技术领域的技术人员能够实现该技术方案。

50. 在论文发表、业务宣传等活动前申请专利

问：研发了一项新技术，已经第一时间在国内期刊上发表了相关论文，若再想申请专利加以保护，是否合适？

答：专利申请日之前公开的技术，包括论文公开、公开销售、公开招投标等活动中公开的技术，都对本专利申请的新颖性构成破坏，因此，在专利申请日之前已发表论文中的技术，不能申请专利。在技术研发的实践中，一件新的技术形成时，推荐的顺序是：先申请专利，在确定专利申请日后，再发表论文。

51. 查新范围应该包括论文、网页等

问：专利汇报模板上提供了若干专利检索网站清单，在申请专利时，是否只要检索这个清单上的网站就可以了？

答：专利查新检索的目的，是检索会影响专利申请的新颖性的文件以及找到最接近的现有技术作为对比文件来判断专利申请的创造性。检索的范围，从理论上来说，应包括所有已公开的文件，即，不仅包括各个国家和地区的专利库、期刊论文库，还包括网上的所有信息（例如，网上文库、博客等），尤其是一些专业网站（如 CSDN 等），检索上述网站，往往可以检索到最新的技术文章。从实践来说，建议利用百度搜索，设置合理的关键词，进而得到指向各种专业网站的链接。

（三）名词使用的规范性

52. 与业界通用名词一致

问：在实践中总结了一个新名词，可以写在专利申请中吗？

答：专利申请文件中的名词，一般应该与业界通用的定义一致，如果不确定业界通用的定义，建议查百度百科等网站进行确定；如果是自己定义的新名词，要在文件中给出明确的定义。

因此，在实践中，如果总结了一个新的名词，首先要确定这个名词是否有现有的术语可以描述，如果不是现有的术语，则需要在申请文件中明确该名词的定义。

53. 不用商标或企业内部专用名词

问：申请一件名为"基于天翼云盘的照片备份方法与系统"，是否可以？

答：专利文件中不应出现商标名称或者本公司内部专用名称，比如"天翼云盘""FIRST专线业务"，所以建议改为本领域的专用名词，例如，将"天翼云盘"改为"云存储"。

另外，即使所述技术是首次应用在本公司业务领域范围内，也应避免将本公司的业务名称作为关键词来限定查新的范围，以此避免漏检。

六、技术维度评审标准及案例

（一）对新颖性、创造性的理解和判定

54. "新技术"的概念

问：在申请方案中，记录了业界最新的技术，大大提升了数据处理的准确率，为什么说没有创造性呢？

答：上述所采用的业界最新技术，在申请前，已经记载于相关科技报道中，属于现在已知的技术，也就是现有技术。对现有技术的直接使用，是本领域技术人员完全可以想到的，所以不具备创造性。

需要注意的是，专利语境下的"创新技术"和通常意义上讲的"新技术"是不一样的，专利语境下的"创新技术"指的是申请日之前未被公开记载的技术，只要在申请日前该技术已有文字记载，则在专利语境下就属于"现有技术"；而通常说的"新技术"往往指的是业界近期新涌现出来的技术，这在专利语境下也是"现有技术"。

55. 现有技术在特定领域的判定原则：是否产生新的技术效果

问：在所从事的领域应用了新技术，取得了很好的效果，是否可以申请专利呢？

答：如前所述，新技术在专利语境下也属于"现有技术"，所以简单直接地在所从事的特定领域应用新技术，并不必然具备创造性。例如，直接把业界已广泛使用的高清视频信号，应用于IPTV业务的传送中，这样的技术方案，并未产生预料不到的技术效果或克服了原技术领域中未曾遇到的问题。因此，这样的转用不具有突出的实质性特点和显

著的进步，进而该技术方案不具备创造性。

56. 大数据领域技术在特定领域应用的判定

问：大数据领域新技术层出不穷，在工作实践中，尝试着使用了这些新的技术、新的算法，效果很好，能否就此申请专利？

答：这属于将现有技术应用在特定领域的例子，例如，大数据/AI领域。根据前面的讨论，直接将手头的数据跑一遍算法，这样的技术方案不属于创新。另外，如果对现有的算法做通用的改进，并确认有积极的效果，则属于创新。其中，比较难判断的是，如果在应用的过程中，对算法的参数调整是否属于创新。针对这种情况的判断，业界也没有完全一致的说法，从申请的角度来说，建议重点描述一下在运用新技术、新算法时，根据所使用的场景对算法的应用做具体化的说明。例如，加入一些具有场景特征的先验知识和参数设定，这样会有利于专利的授权；从实践来看，一个比较简单的考量方法是，抽取掉应用场景，或者说换个关键词，所述方法是否还是成立的，如果还成立，很可能被判断为没有创造性。

57. 专利检索关键词不应包括应用场景

问：如果是现有技术在特定场景的应用的申请，是否要把应用场景作为主要关键词进行检索？

答：如前所述，如果是将现有技术简单地应用在特定场景（例如，将视频监控的某一项改进技术应用于特定的校园监控场景），其能实现的技术效果和在其他领域中能实现的技术效果是相同的，因此，这样的技术方案，不具备创造性。所以，如果把这个具体的场景作为关键词，就容易不必要地缩小了检索范围，漏检了对比文件，进而错误判断了新颖性和创造性。

一般而言，查新检索的搜索范围是由小到大的，开始检索时，可限定到该具体的特定场景，如果检索到非常接近的对比文件，则可停止检索；如果没有检索到非常接近的对比文件，或者检索到的对比文件与本申请差别比较大，则需要去掉应用场景的限定，扩大检索范围。

58. 现有技术的组合取决于是否产生"化学反应"

问：申请中用到了两个（或多个）现有技术的组合，在检索中没有发现这两项技术组合使用的对比文献，如何判断申请的创造性呢？

答：组合现有技术而形成的技术方案能否申请专利，是专利申请中的常见问题，一般认为，两种技术如果只是简单拼接，在各自独立的环节发挥作用，则不认为其具备创造性；如果两者组合起来还发生了相互作用，类似于俗称的"产生化学反应"，并且解决了特定的技术问题，则具备创造性。

例如，在大数据/AI领域，两个独立的环节上都用了新的算法，但是效果均局限在本环节上，两者之间没有关联关系，就属于简单拼接，缺乏创造性。

（二）对"实用性"的理解

59. 不是实际应用的价值，是吗？

问：专利汇报材料中的"实用性说明"指的是技术是否实际可以用在实践中吗？

答：专利中的实用性更多地指专利的"可实现性"，即本领域技术人员根据所公开的技术方法进行实施，能够达到所述的技术效果；而在一般语境中的实用性，容易被理解为"所述技术对公司来说，是否实际可用，是否具有实际应用的价值"。

从专利汇报文档的撰写来看，在保证解释清楚专利的实用性（即"可实现性"）的基础上，适当补充描述一些该专利技术能给公司带来的价值，有助于评审人员了解申请的技术的重要性和保护价值。

60. 通过充分公开证明实用性

问：一件申请，想对一些细节保密，只能描述技术上的效果，可以吗？

答：专利制度的核心就是"以公开换保护"，如上所述，对专利实用性的要求是，本领域技术人员根据专利所述方法就能够得到所述的技术效果，如果你所保密的细节影响到本领域技术人员实施该技术的可行性，就属于公开不充分，不应该申请专利。

61. 大数据领域充分公开的难度与对策

问：大数据和人工智能领域的专利，有时不能从逻辑上完全证明方法的有效性，应该怎么办呢？

答：大数据技术强调发现数据之间的关联关系，而非挖掘数据之间的因果逻辑，在某种意义上，这和专利实用性要求的充分公开原则，有一定的错位，建议至少应该通过测试证明所述大数据方法在统计意义上的有效性。

七、市场和法律维度评审标准及案例

62. 市场效益的评审标准

市场效益的评审，主要针对专利的可运营性以及专利的潜在市场前景两部分进行。

其中，专利的可运营性是指专利转让、许可、融资等的可能性。关于专利转让，是指专利权权属由专利权人进行的转让行为，除非是赠与的形式，专利转让通常是通过商业购买方式进行的；专利许可，也称为"专利实施许可"，是指专利权人许可他人在限定的时间、地域内，以一定的方式实施其拥有的专利，在许可实施过程中，被许可人（即专利实施人）通常需要向许可人（通常是专利权人）支付专利使用费用；专利融资是指专利权人以其合法拥有的专利权的财产权作为质押物，向金融机构申请融资。

另外，专利的潜在市场前景是指专利能被规模性应用的可能性，例如，一项专利在现有市场上未来可以达到的市场规模，或者说该专利未来能够覆盖的市场效益规模。

63. 法律保护的评审标准

法律保护的评审标准，是指专利及保护范围的可规避性以及侵权可取证性。其中，专利及保护范围的可规避性是指专利的保护范围是否难以绕开或回避。

另外，侵权可取证性是指侵权证据可获得性。例如，专利侵权诉讼中，查明侵权事实，基于初步收集的相关证据，明确侵权行为人，计算侵权利益损失，包括潜在的损害赔偿或许可使用费等。

64. 侵权取证困难问题，可以公开技术方案

问：专利申请的技术方案已在现有系统里应用，如果他人使用，则很难取证，能申请专利吗？如果不申请，相同的方法被他人申请了专利，是否会造成我们失去权利？

答：专利申请要考虑侵权举证的难易度，如果举证很难或几乎不可能，虽然也可以申请专利，但是申请的专利价值不是很大。如果要保护本公司的具体成果，考虑到成本，也可以通过发表论文公开技术方案的方法对本公司的成果加以保护。

65. 大数据领域侵权取证困难问题的难度与对策

问：大数据领域是具有战略意义的国家重点发展领域，近期专利申请也很活跃，值得积极参与，但大数据领域，大多为运行的软件和数据，侵权举证，十分困难，对此该如何应对？

答：应从撰写上注意以下要点。权利要求避免仅保护单纯的算法、模型、数据结构等智力活动规则和方法，并进行多层次描述，包括网络架构、功能模块、输入输出、准确定义训练数据库，尽可能多覆盖能够观测到的方方面面，构建立体的保护范围。

八、标准相关专利

66. 标准相关专利评审标准

标准相关专利最重要的评审标准，是标准与专利的内容表达的准确对应。具体的，作为标准必要专利的预备阶段的标准相关专利，为了顺利产出标准相关专利，应注意结合专利的审查进度以及标准的推进情况，将两者对应的具体表达，进行详细说明，例如，用表格的形式，将专利和标准对应的语句分别罗列，并详细说明哪些特征是推理的、哪些特征是公知常识。

67. 什么是标准必要专利？如何申请？

标准必要专利（Standard Essential Patent，SEP）是包含在国际标准、国家标准和行业标准中，且在实施标准时必须使用的专利。

标准专利工作流程如下。

（1）确定参与的标准项目。

①了解与确定和专业领域相关的国际标准组织及其工作组，注册个人账号；

②了解工作组在研标准项目的情况、内容、编制进展（也可包括已发布标准）以及会议时间，梳理可能相关的标准项目；

③争取在标准组织中承担标准制订工作，最好能牵头承担标准制订项目。

（2）确定可以写入标准项目的专利。

①针对已受理专利，梳理与在研标准可能相关的专利，完成专利筛选；

②详细了解专利方法，考虑与标准匹配的专利，完成标准专利预案

考虑；

（3）完成标准专利文稿、报名参会。

①完成文稿，确保专利方法的内容与标准规范内容之间的一致性；

②了解标准工作组的会期安排，参会前及时提交提案；

③参会并宣讲提案、编辑标准。

（4）参加标准专利评审。

专利方法被写入标准输出文稿之后，准备标准专利评审材料，参加标准专利评审。

68. 关于协议标准定义以及参数设定类的专利的判断准则

问：在专利申请中，存在自定义了一套协议标准或者将某种标准协议进行了扩展，以满足某种新的应用场景或解决某个具体问题的情况，这样的专利提案应注意什么？这样的提案是否能通过专利评审？

答：建议重点考虑以下几个准则。

（1）标准话语权的准则。定义的标准协议的应用范围越广，其专利价值才越大，所以一定要努力争取成为标准相关专利。反之，如果只供自己使用，则基本没有什么保护价值，特别是某些应用层的标准协议，很容易做少量修改后即可被规避。

（2）尽量避免人为设定的准则。特别是很多参数设定类的专利，如果协议主体没有改变，只是改变了某个参数值，且设定的参数值即使随意调整也不影响最终的应用效果，则属于没有保护价值的专利申请。另外需要注意，标准专利必须提前申请，如果标准发布后再申请专利，所述标准将作为现有技术存在，而使申请的专利不具备新颖性。

九、怎样撰写专利权利要求书

权利要求书是申请文件最核心的部分,是申请人向国家申请保护他的发明创造及划定保护范围的文件,一旦批准,就具有法律效力。因此,撰写好权利要求书直接涉及申请人的利益,十分重要。

69. 权利要求书的一般要求

(1)应当简要、清楚、完整地列出说明书中所描述的所有新的技术特点。否则,就会缩小专利保护范围。说明书中没有涉及的内容,也就不能写入权利要求书,因为要求保护的范围必须得到说明书的支持。

(2)权利要求书中使用的技术名词、术语应与说明书中一致。权利要求书中可以有化学式、数学式,但不能有插图。除有绝对必要,不得引用说明书和附图,即不得用"说明书中所述的……""或如图三所示的……"方式撰写权利要求书。为了表达清楚,权利要求书可以引用设备部件名称和附图标记。

(3)一项权利要求要用一句话来表达,中间可以有逗号、顿号,不能有分号和句号。以强调其意思不可分割的单一性和独立性。

(4)权利要求只讲发明或实用新型的技术特征,不允许陈述发明或实用新型的目的、功能等。

(5)权利要求又分为独立权利要求和从属权利要求两种。独立权利要求应从整体上反映出发明或实用新型的主要技术内容,包括全部的必要技术特征,它本身可以独立存在。从属权利要求是引用独立权利要求或引用包括独立权利要求在内的几项权利要求的全部技术特征,又含有若干新的技术特征的权利要求,从属权利要求必须依从于独立权利要求或者在前的从属权利要求。

(6)一项发明或者实用新型只应当有一项独立权利要求。属于一个总的发明构思，符合合案申请要求的发明或实用新型专利申请，可以有两项以上的独立权利要求。每一个独立权利要求可以有若干个从属权利要求。有多项权利要求的应当用阿拉伯数字顺序编号。编号时独立权利要求应排在前面，它的从属权利要求紧随排在后面。

70. 权利要求书的写法

（1）权利要求书顶端不用书写发明或实用新型名称，可以直接书写第 1 项独立权利要求，它的从属权利要求从上往下顺序排列。有两项以上独立权利要求的，则各自的从属权利要求应分别写在各独立权利要求之后。

（2）独立权利要求分两部分撰写。

前序部分：写明发明或实用新型要求保护的主题名称和该项发明或实用新型与现有技术共有的必要技术特征。

特征部分：写明发明或实用新型区别于现有技术的技术特征，这是权利要求的核心内容，这部分应紧接前序部分，用"其特征是……"或者类似用语与上文连接。

前序部分和特征同时限定发明或实用新型的保护范围。

（3）从属权利要求也分两部分撰写。

引用部分：写明被引用的权利要求的编号及发明或实用新型主题名称。例如："根据权利要求 1 所述……"。

限定部分：写明发明或实用新型附加的技术特征，它是独立权利要求的补充，以及对引用部分的技术特征作进一步的限定。也应当以"其特征是……"连接上文。

从属权利要求的引用部分，只能引用排列在前的权利要求。同时引用两项以上权利要求时，只允许使用"或"连接。例如："根据权利要求 1 或 2 所述的……"。这样的权利要求称为多项权利要求。一项多项从属权利要求不能作为另一项多重从属权利要求的引用对象。

（4）同一构思的两项发明或实用新型可以合案申请，因而可能存在两项独立权利要求。这时应当确定一项为主要的，作为第一项权利要求，另一项排在后面成为与第一项独立权利要求平行的、有独立的法律意义的权利要求。例如：一项产品发明和制造该产品的方法发明可以合案申请，这时一般把产品作为第一独立权利要求，把方法作为第二独立权利要求。

71. 权利要求书撰写中常见的错误

（1）纯功能式权利要求，这是初写者常出现的错误。在一般情况下，产品必须用结构式权利要求，方法必须用步骤或条件式权利要求，不能采用功能或混合式，这种写法容易超出说明书范围，扩大了保护范围。

（2）对一般的改进发明，没有前序部分和特征部分之分。实质是没有划清与现有技术的界限。

（3）在独立权利要求中，有多个前序部分和多个特征部分，这种情况是没有弄清撰写要求。一个独立权利要求只能有一个前序部分和一个特征部分。

（4）从属权利要求中没有引用部分和特征部分，或者是其中引用部分的"引证"有错误。

（5）使用了不准确、不明确的词汇。如"等""等等""高""强""弱""性能好""最好是"等。

（6）权利要求书得不到说明书的支持。即在权利要求书中写的技术特征，在说明书中无相应的文字记载，或是没有清楚、完整的说明。

72. 撰写好权利要求书的一般方法

（1）详细分析发明或实用新型。分析内容包括是属于产品发明还是方法发明，对实用新型只能是产品发明，确定技术领域，研究技术方案，分析技术特征。最重要的是把技术解决方案和全部技术特征分析透。

（2）做好检索或查新工作，特别是申请发明专利一定要查新，查是否存在同样发明，是否具有先进性。

（3）认真研究相关文献的全部技术特征，特别是与本发明或实用新型相关的技术特征，尤其要注意分析。

（4）多写几个方案，反复比较，同一发明可能写出多种权利要求书，但要达到既符合法律要求，又能恰到好处地保护申请人的利益是很不容易的。多写几个方案，有利于在反复比较过程中，确定一种正确合理的方案。最后，将确定的权利要求书与写好的说明书相比较，仔细检查两者的关系，这一点对初写者尤为重要。

（5）如何撰写专利权利要求书是每一个想自己提交专利申请文件的人最为关切的一个问题。因为专利的权利要求书是整个专利申请文件最核心的部分，是申请人向国家请求保护他的发明创造及划定保护范围的文件，一旦提交后，一般不允许扩大保护范围，实用新型专利通常还没有机会再作更改，而批准后，它即具有法律效力。因此，撰写出一篇优质的权利要求书直接涉及申请人的利益，十分重要。

73. 权利要求书的一般要求可分为独立权利要求与从属权利要求两种

（1）独立权利要求应从整体上反映出发明或实用新型的主要技术内容，它包括全部的必要技术特征，其本身可以独立存在。它的技术特征的集合是该专利的最大保护范围，第三人生产的产品只要不用到其中的任何一个技术特征就不构成专利侵权，因此在独立权利要求中切勿写入任何非必要的技术特征，否则将不构成侵权；同时，也切勿将权利要求（尤其是实用新型专利权利要求书）写得较为宽广，使权利不稳定，易于被无效，新法修改后即更会遭遇公知技术抗辩。

（2）从属权利要求是引用独立权利要求或几项权利要求的全部技术特征，又含有若干新的技术特征的权利要求，从属权利要求必须依从于独立权利要求或者在前的从属权利要求。每一个独立权利要求可以有若干个从属权利要求。有多项权利要求的应当用阿拉伯数字顺序编号。编号时独立权利要求应排在前面，它的从属权利要求紧随排在后面。

74. 撰写好权利要求书的一般技巧

（1）详细分析发明或实用新型。先是把技术解决方案和全部技术特征分析透，分析内容包括是属于产品发明还是方法发明，对实用新型只能是产品发明,确定技术领域,研究技术方案,分析技术特征。

(2)做好检索或查新工作,特别是申请发明专利一定要查新,查是否已存在同样发明创造。

(3)从产品本身的技术中认真研究,运用研发人员的思路尽可能多地找出特有的技术特征,分析比较后,将各个技术特征定位在不同的权利要求项中。

(4)反复比较、酝酿不同的技术方案,从中筛选出较佳的技术方案,同一发明可能写出不同的权利要求书。多写几个方案有利于在反复比较过程中,确定一种正确合理的方案。最后,将确定的权利要求书与写好的说明书相比较,仔细检查两者的关系,这一点对初写者尤为重要。

(5)专利代理人最好有丰富的研发经历,才能在撰写专利权利要求书时,将防御性权利要求或进攻性权利要求等方面的申请策略做在撰写的权利要求书中,使该专利的独立权利要求权项难以被攻破,具有坚固的稳定性和较宽广的保护范围。

(6)由于专利文件,尤其是权利要求书的撰写技巧性很强,因此一项好的技术方案最好委托有研发思路的专利代理人帮助完成,否则,贸然地自己撰写专利文件,出错的可能性非常大;而发明人本人由于没有足够案例的磨炼,又有技术人员易存在"身在庐山中难以看清庐山"即先入为主的偏见。因此,甚至花费了申请费、年费等费用,却免费向社会提供发明创意,丧失了该技术方案再申请专利的机会。

十、各领域专利申请的基本特点

75. 机械机电领域专利申请的基本特点

（1）机械机电领域专利申请的基本特点是以装置的组成、构造或形状的改进为主，并且对机械机电领域的产品而言，专利申请的另一个特点是既可以申请发明专利，也可以申请实用新型专利，还可以申请外观设计专利，甚至对于1件产品而言这3种专利可以同时申请。

（2）对于机电类产品专利而言，可以从多个层次上来考虑，无论哪个层次上有改进，都可以申请专利。可以包含但不限于以下所列的方面。

①一种系统或生产线，往往由多台设备组成，比如一种板材生产线。

②一种机电设备，由一些部件或功能模块构成，比如一种机床。

③一种机电设备的部件、功能模块或机构，可以实现某种特定功能，比如一种断路器的灭弧装置。

④一种机械零件，对其结构或形状进行了改进，比如一种汽车传动轴。

⑤为生产产品而设计或改进的工具、工装、模具或夹具等，比如一种用于轴承磨内外圆的夹具。

（3）除产品之外，机械机电领域的各种工艺方法的改进，如：加工方法、装配方法、检测方法、控制方法、施工方法、焊接工艺、热处理工艺、铸造工艺、冲压工艺等，都可以申请发明专利。

（4）机械机电领域技术资料准备的提纲

创新点主要在于装置、设备的组成、构造或形状，则申请时应提供以下内容。

①已有技术/产品的不足：可以提供帮助理解本发明内容所必需的背景知识。介绍与本发明最接近的现有的机构或装置，说明其主要结构及作用原理，同时指出这种现有技术的结构所存在的缺点或不足之处。

②本专利的内容：说明本专利达到目的或解决问题的技术手段。对照提供的附图，并引用附图中的标号，详细说明本发明的机构或装置中与发明目的相关联的组成部分，说明各组成部分的必要形状及相互之间的连接关系，例如位置关系、连接关系、配合关系、相互作用关系等，说明本发明的作用原理、使用方法，涉及运动部件的可以说明其动作过程。突出本专利与现有技术的区别点。

③本专利的优点：说明由本发明的结构所决定的有益效果或优点，如克服了缺点、增加了功能、降低了成本、简化了结构、易于制造、故障率低、安全可靠、便于操作等。

④附图与说明：提供本发明的机构或装置的附图，附图可以有多幅，要求能够清楚表达本发明的结构。附图可以是工程装配图、立体示意图、剖视图、局部放大图、局部剖视图、零件图等，附图中应对其组成部分、结构特征等要素引出标号，以方便在文字描述部分引用这些标号进行说明。

76. 电子领域专利申请的基本特点

（1）电子领域的专利涉及的技术较广，从电子产品的材料到结构到控制方法，都可能产生专利点。如一台DVD机上便涉及6C、3C、汤姆逊、杜比、MPEG LA等5家专利联盟的上千项专利，从电路、芯片、编解码技术到外形设计，中国每生产一台DVD要交纳专利费30美元。其中仅DVD使用的视频图像压缩技术MPEG-2就包含795项专利，由美国MPEG专业技术管理公司（MPEG LA）代表57个国家的24家专利人进行管理。由此可见，在一个电子产品（系统）上，往往可产生多项专利。电子产品的更新换代快，新技术的不断研发也促进了电子领域专利的增长。

（2）电子领域内，可以申请专利的发明创造包括如下。

①新的电子元件或电子元件的改进，可能涉及元件材料及结构；

②新的功能模块或功能模块的改进,包括电路设计、模块物理结构设计等;

③新的设备、装置或设备、装置的改进,最常见的是通过增减模块或者改变模块的连接关系来实现新的功能或者改进性能;

④新的系统或系统的改进,包括系统构架设计、系统中设备的增减、设备连接关系的改变等;

⑤针对主设备或者主系统的配套设备或配套系统,出于一些专用目的,如散热、除尘等;

⑥针对具体电子设备或系统的新的控制方法或控制方法的改进;

⑦电子产品的新生产工艺或生产工艺的改进,包括新的制造设备或制造设备的改进;

⑧电子产品的新测试设备、新测试方法或测试设备、测试方法的改进。

(3)电子领域技术资料准备的提纲。

技术/产品创新主要基于产品、设备的构造或生产工艺、控制方法的改进,则申请时应考虑提供以下内容。

①已有技术/产品的不足:即说明与本专利的内容最相似的技术/产品,需要说明已有电路、产品/设备的主要结构、原理、实用效果,或已有控制方法的步骤、原理、效果,尤其指出与本专利相比,原有技术存在的缺点或不足之处。如有引用文献,需要说明出处;如有参考产品,指出其型号、厂家。对原有技术或电路的介绍尽可能详细,可附结构原理图、电路图或流程图。

②本专利的内容:应说明本专利达到目的或解决问题的技术手段。包括产品、电路的组成、结构,尤其说明各组成部分之间的相互关系,例如连接关系、被作用的工作电流或信号的走向。对于方法,应当说明本方法的主要思路、步骤。写明本专利的工作原理,本专利与现有技术的区别点。

③本专利的效果:有益效果可以由工作性能的提高,制作成本、能量损耗的减少,产率和精度的提高,稳定性的增加,操作、控制、使用的简便,以及其他有用性能的出现等方面反映出来。

④附图与说明:产品构造或装置或设备的图解,图应以电子制图或流程图的标准绘制,而非扫描图。使专利工作人员可直接在附图上编辑修改,实用新型申请必须带附图。

⑤本专利的具体实施例:对照附图,说明本专利的具体实施方式,必须有详细的工作机理,包括附图中各具体器件功能介绍及流程图中具体各个流程的功能。最好提供相应的技术参数、数据来具体说明有益效果,可同时提供原有技术的参数数据进行对比。

77. 通信领域专利申请的基本特点

(1)近年来,信息通信技术占我国发明专利数量的1/3,且数量稳定增长。尽管如此,国内专利与国外专利仍存在较大差距,因此为进一步提高国内通信领域专利申请案的质量和数量,可以从以下几方面申请专利。

①通信产品/装置:视/音频产品、移动通信产品(如手机、电话)、互联网产品(如中继器、路由器)、有线/无线通信装置、发射/接收装置、测试装置、传感装置、监测/检测装置等。

②通信系统:信息监测/检测/控制/采集/处理/传输系统、光纤传感系统、中继系统、耦合系统、调制/编码系统等。

③通信方法:发送/接收方法、传感方法、切换方法、监测/检测方法、维护方法、数字信息传输方法、控制方法、信号处理方法、采集方法、多路复用通信方法、中继方法、通信领域技术资料准备的提纲、耦合方法、调制/编码方法等。

(2)通信领域技术资料准备的提纲。

专利申请以通信产品、设备、技术为主,产品/设备的创新主要基于产品、设备的构造,技术的创新主要基于技术手段的改进,则申请时应考虑提供以下内容。

①已有技术/产品的不足:即说明与本专利的内容最相似的技术/产品,需要说明已有技术/产品的主要结构、原理、实用效果,尤其指出与本专利相比,原有技术/产品存在的缺点或不足之处。如有引用文献,需要说明出处;如有参考产品,指出其型号、厂家。对原有技术的

介绍尽可能详细，可附结构原理图。

②本专利的内容：应说明本专利达到目的或解决问题的技术手段。包括产品的组成、结构，尤其说明各组成部分之间的相互关系，例如连接关系、被作用的工作电流或信号的走向；还包括技术方法的实现过程、先后顺序，尤其重点说明改进的步骤在哪里。写明本专利的工作原理，本专利与现有技术的区别点。

③本专利的效果：有益效果可以由工作性能的提高，制作成本、能量损耗的减少，稳定性的增加，操作、控制、使用的简便，以及其他有用性能的出现等方面反映出来。

④附图与说明：产品构造或装置或设备的图解，图应以电子制图或流程图的标准绘制，而非扫描图。使专利工作人员可直接在附图上编辑修改，实用新型申请必须带附图。

⑤本专利的具体实施例：对照附图，说明本专利的具体实施方式，必须有详细的工作机理，包括附图中各具体器件功能介绍及流程图中具体各个流程的功能。最好提供相应的技术参数、数据来具体说明有益效果，可同时提供原有技术的参数数据进行对比。

78. 半导体领域专利申请的基本特点

（1）半导体领域的专利技术涉及材料、物理、电子、光学、计算机等多种学科，由于行业发展迅猛，其专利技术更新速度快，且通常具有很高的经济效益。为了保护和增强公司价值，半导体领域的专利技术已成为本领域的兵家必争之地。自 2000 年以来，获得最多专利的主要半导体领域依序如下。

①主动固态组件；
②半导体制程；
③静态信息储存与检索；
④相干光产生器；
⑤电子量测与测试；
⑥各种主动式电子非线性组件、电路及系统；
⑦电子系统与设备。

近年来公布的专利合作条约（PCT）大约维持在每年 2000 件。前七大提出 PCT 申请的公司分别为飞利浦电子、超微（AMD）、IBM、应用材料（Applied Materials）、摩托罗拉（Motorola）、英特尔（Intel）与半导体能源实验室（Semiconductor Energy Laboratory）。自 2000 年起，半导体、半导体设备、光学、涂布与静态储存一直引领着 PCT 的应用方向。飞利浦电子与超微将持续作为提出 PCT 的主要公司。半导体能源实验室则是从 2005 年开始积极提出 PCT。

（2）专利申请的对象主要分为以下几种类型。

①电子元器件：如晶体管、存储器、传感器、LED 照明、光电器件、太阳能光伏器件等。

②芯片与系统：如 SoC 系统级芯片、MEMS 微电子机械系统等。

③材料与设备：如 SOI、GOI、光电材料、介质材料、封装材料、制程设备、测试设备等。

④制程、工艺方法：如生长薄膜、掺杂、光刻、刻蚀、制造器件的工艺流程等。

⑤IC 设计、模拟方法：如 IC 设计方法、器件仿真模拟方法、失效分析方法等。

⑥测试、验证方法：如 IC、器件量测方法等。

（3）半导体领域技术资料准备的提纲。

专利申请以产品、方法为主，产品/方法的创新主要基于产品的构造及工艺方法的步骤，则申请时应考虑提供以下内容。

①本专利的目的是什么，或要解决的技术问题是什么？

②已有产品/方法的不足：即说明与本专利的内容最相似的产品/方法，需要说明已有产品的主要结构、原理、实用效果，或已有工艺、方法的步骤、实用效果，尤其指出与本专利相比，原有产品/方法存在的缺点或不足之处。如有引用文献，需要说明出处；如有参考产品，指出其型号、厂家。对原有技术的介绍尽可能详细，可附结构原理图。

③本专利的内容：应说明本专利达到目的或解决问题的技术手段。包括产品的组成、结构，尤其说明各组成部分之间的相互关系，例如连接关系、被作用的工作电流或信号的走向。或工艺、方法的流程步骤，

还需说明各步骤涉及的重要工艺参数（如时间、温度等）、重要公式。写明本专利的工作原理，本专利与现有技术的区别点。

④本专利的效果：有益效果可以由工作性能的提高，制作成本、能量损耗的减少，稳定性的增加，操作、控制、使用的简便，以及其他有用性能的出现等方面反映出来，对于工艺、材料的改进，还需给出试验数据加以证明。

⑤附图与说明：产品构造或装置或设备的图解，图应以电子制图或流程图的标准绘制，而非扫描图。使专利工作人员可直接在附图上编辑修改，实用新型申请必须带附图。工艺、方法可提供流程图。

⑥本专利的具体实施例：对照附图，说明本专利的具体实施方式，必须有详细的操作步骤、工作机理，包括附图中各具体器件功能介绍及流程图中具体各个流程的功能。最好提供相应的技术参数、数据来具体说明有益效果，可同时提供原有技术的参数数据进行对比。

79. 软件领域专利申请的基本特点

（1）软件领域中对软件的改进通常需要申请发明专利来保护，保护的技术内容是软件开发的核心思想，而非仅仅保护代码。最近几年，国内软件企业也逐步重视软件专利的申请，申请量逐年增加。腾讯科技（深圳）有限公司是国内公司在软件领域申请专利最多的申请人之一。腾讯科技截至 2009 年底一共公开了 1700 多件专利，其中，发明专利占绝大多数，非发明专利仅占 2 件；同时，腾讯科技已授权的发明专利也有 500 件左右。腾讯科技申请专利是围绕即时通信工具、主要在计算机网络领域保护自己的各个创新。用于解决技术问题的软件都可以申请发明专利，例如：

①用于工业控制的软件（如机床控制软件）；
②用于处理外部数据的软件（如相机中的图像处理软件）；
③用于改进计算机内部性能的软件（如虚拟内存扩展软件）；
④软件中所用到的算法（如控制方法、图像处理算法、加密算法）。

（2）软件领域技术资料准备的提纲。

以软件系统及实现方法为主：技术/产品创新主要基于软件系统、

软件算法，则申请时应考虑提供如下内容。

①已有软件/算法的不足：即说明与本专利的内容最相似的软件/算法，需要说明已有软件是由哪些模块主要组成，各模块的连接关系，各模块的作用，可结合模块组成图（若是软件算法，可说明已有算法具体包括什么步骤，可结合流程图）；同时指出已有软件/算法的效果如何，尤其指出与本专利相比，原有软件/算法存在的缺点或不足之处。如有引用文献，需要说明出处。对原有技术的介绍尽可能详细，可附模块组成图、算法流程图。

②本专利的内容：应说明本专利达到目的或解决问题的技术手段，包括软件是由哪些主要模块组成，各模块的连接关系，各模块的作用，可结合模块组成图（若是软件算法，可说明已有算法具体包括什么步骤，可结合流程图）。写明本专利的工作原理，本专利与现有技术的区别点。本部分可结合图表说明。

③本专利的效果：有益效果可以由工作性能的提高，制作成本、能量损耗的减少，稳定性的增加，操作、控制、使用的简便，以及其他有用性能的出现等方面反映出来。

④附图与说明：软件模块组成、算法流程的图解，附图应以电子制图或流程图的标准绘制，而非扫描图。使专利工作人员可直接在附图上编辑修改，实用新型申请必须带附图。

⑤本专利的具体实施例：对照附图，说明本专利的具体实施方式，必须有详细的描述，包括附图中各具体模块功能介绍及流程图中具体各个流程的功能。最好提供相应的技术参数、数据来具体说明有益效果，可同时提供原有技术的参数数据进行对比。

80. 化工领域专利申请的基本特点

（1）化工领域专利申请的技术对象较为丰富，发明点涉及面广。一件有关化学的专利申请往往包括两项或两项以上的发明主题，例如一件申请可以包括化合物、化合物的制备方法、含有化合物的组合物及其相关的应用等几项主题。此外，在化工领域的专利申请的审查中存在着许多特殊的要求。由于化工领域属于试验性科学领域，在多数情况下，发明能否实施往往难以预测，必须借助于试验结果加以证实才能得到确认。因此，实施例在化工领域的专利申请中具有特别重要的作用，必须写入足够数量的代表性实施例以充分公开发明内容，并以事实和数据为依据说明发明所取得的效果，以奠定发明的创造性。从专利的保护角度出发，化工领域的发明可以分为产品发明和方法发明两大类。

（2）产品发明包括如下内容。

①化学物质：包括用化学方法获得的新物质和从自然界提取的新的天然物质。如有机化合物、无机化合物、高分子化合物、抗生素、生物碱、有机化学中间体等。

②组合物（配方）：两种或两种以上化学物质按一定比例组合而成的具有特定性质和用途的物质或材料，如水泥、玻璃、陶瓷、肥料、塑料、涂料、油漆、油墨、洗涤剂、润滑剂、催化剂、合金、食品、由不同材料制成的层制品等。

③化工设备/装置：可以是新的化工设备/装置，也可以是对已有设备/装置的改进，如反应器、分离设备、混合装置等。

（3）方法发明包括如下内容。

①产品制备方法或生产工艺：可以是新的制备方法或生产工艺，也可以是对已有制备方法或生产工艺的改进和组合。如合成方法、聚合方法、提取方法、分离方法、改性方法、机械加工方法等。

②处理方法：污水处理方法、化合物纯化方法等。

③一般性方法：对原材料施加某种作用，但原材料本身不发生改变的方法。如产品使用方法、分析检测方法、涂装方法、温度控制方法等。

④用途发明：指发现了某种产品或方法的新的性质或功能，从而将其用于新的、非显而易见的技术领域的发明。

（4）化工领域技术资料准备的提纲。

以产品为主：技术/产品创新主要是基于化学产品，则申请时应考虑提供如下内容。

①本专利的应用领域（即本专利直接所属或直接应用的具体技术领域）。

②本专利的目的是什么，或要解决的技术问题是什么？

③已有技术/产品的不足：即说明与本专利的内容最相似的技术/产品，需要说明已有技术/产品的结构式/分子量/配方等，以及已知功能及应用，尤其指出该已有技术/产品存在的缺点或不足之处。如有引用文献，需要说明出处。

④本专利的内容：应说明本专利达到目的或解决问题的技术手段。如果应当描述产品的结构/配方、制备方法、应用、原理。说明技术优化的思路。

⑤本专利的效果：即新化学产品的用途。

⑥附图与说明：与发明有关的试验结果，方法流程图等图解，附图中如涉及多个产品同时检验的情况，请用中文说明各个条带表示什么内容。

⑦本专利的具体实施例：对照附图，说明本专利的具体试验例子，必须有相应的技术参数、数据，及具体试验条件，如是产品，则需要产品的制备、鉴定、应用实施例，要说明有益效果，可以提供对比数据以便比较。

（5）以方法或工艺为主：技术/产品创新主要是基于方法或工艺，则申请时应考虑提供如下内容。

①本专利的应用领域（即本专利直接所属或直接应用的具体技术领域）。

②本专利的目的是什么，或要解决的技术问题是什么？

③已有技术/产品的不足：即说明与本专利的内容最相似的方法/工艺。对于方法，需要说明已有方法的主要思路、步骤、效果，尤其指出该方法在解决本专利目的上的缺点或不足之处。对于工艺，需要说明已有工艺的主要原理及工艺步骤、工艺条件、原料，尤其指出该工艺存在的缺点或不足之处。如有引用文献，需要说明出处；如有参照产品，指出其规格、厂家。

④本专利的内容：应说明本专利达到目的或解决问题的技术手段。对于方法，应当说明本方法的主要思路、步骤。对于工艺，应当说明工艺步骤、工艺条件、使用原料，如可能需说明工艺原理。说明技术优化

的思路。

⑤本专利的效果：有益效果可以由运算效率提高、降低能耗、产率提高、精度提高、工序简化、控制方便，以及有用性能的出现等方面反映出来。

⑥附图与说明：如有必要可以给出工艺流程图。

⑦本专利的具体实施例：说明本专利的具体试验例子，必须有相应的技术参数、数据。数据说明可以采用图表形式。说明有益效果，以提供对比数据为好。

（6）以装置或设备为主：技术/产品创新主要是基于装置或设备，则申请时应提供如下内容。

①本专利的应用领域（即本专利直接所属或直接应用的具体技术领域）。

②本专利的目的是什么，或要解决的技术问题是什么？

③已有技术/产品的不足：即说明与本专利的内容最相似的技术/产品，需要说明已有技术/产品的主要结构及原理，尤其指出该已有技术/产品存在的缺点或不足之处。如有引用文献，需要说明出处；如有参考产品，指出其型号、厂家。

④本专利的内容：应说明本专利达到目的或解决问题的技术手段。如果涉及装置或设备，应当描述装置或设备的机械构成，尤其说明各组成部分之间的相互关系，例如形状、位置、连接关系、相互作用原理，创新点对于装置或设备的作用。说明技术优化的思路。

⑤本专利的效果：有益效果可以由产率、质量、精度和效率的提高，能耗、原材料、工序的节省，加工、操作、控制、使用的简便，环境污染的治理或者根治，以及有用性能的出现等方面反映出来。

⑥附图与说明：装置或设备的图解，图应以机械制图的标准绘制，实用新型申请必须带附图。

⑦本专利的具体实施例：对照附图，说明本专利的具体试验例子，必须有相应的技术参数、数据，如需要说明有益效果，以提供对比数据为好。

81. 生物医药领域专利申请的基本特点

（1）生物医药领域是一个高风险与高利润并存、竞争异常激烈的行业，领域内技术含量较高，知识更新较快。虽然我国在生物医药领域的研究和开发起步较晚，但是这一领域发展十分迅速，近年来，我国医药领域的专利申请与授权量持续增长，涉及国内机构的申请量和授权量的增长速度明显高于涉及国外机构的申请量和授权量。尽管如此，我国生物医药领域的专利保护情况却不容乐观，这是我国亟待发展的、与各发达国家相比差距较大的关键领域。

（2）与其他技术领域相比，生物医药领域的专利申请有以下特殊的要求。

①对于新的药物化合物或者药物组合物，应当记载其具体的医药用途或者药理作用，同时还应当记载其有效量及使用方法，并给出实验室试验或者临床试验的定性或者定量数据；

②涉及核苷酸或者氨基酸序列的申请，应当同时提交与序列表一致的计算机可读形式的副本；

③涉及生物材料（如菌种）的申请，应当在申请日之前将该生物材料提交至国家局认可的生物材料样品国际保藏单位保藏；

④依赖遗传资源完成的发明创造，应当说明该遗传资源的直接来源和原始来源。

（3）按技术领域划分，可以从以下几个方面申请专利。

①西药：药物化合物（包括新的介质、盐、对映异构体、同分异构体）、由这些药物化合物制成的药物组合物、由药物化合物和药物组合物制成的各种制剂、药物化合物/组合物的制备方法、药物剂型、辅料、药物用途等。

②中药：中药提取物、中药组合物、含多种中药活性成分的药剂、中药的提取方法、中药组合物的制备方法、药物剂型、辅料、药物用途等。

③生物药及遗传工程：包括基因（或 DNA 片段）、载体、重组载体、转化体、多肽或蛋白质、融合细胞、单克隆抗体等。

④微生物工程：包括获得的微生物本身、微生物的培养方法或繁殖方法、发酵产物、疫苗、杂交瘤和单克隆抗体等。所述微生物包括：细菌、放线菌、真菌、病毒、原生动物、藻类等。

⑤农药：如杀虫剂、杀螨剂、土壤改良剂、除草剂、除莠剂和植物生长调节剂等，包括这些农药中的有效成分、剂型、辅料、制备方法、使用方法和用途等。

⑥医疗器具：包括为诊断和治疗疾病而使用的医疗设备、医疗器械、消耗用品以及配件辅料等相关产品。

（4）生物医药领域技术资料准备的提纲。

专利申请以药物产品和用途为主：产品创新主要是基于药物的活性成分或配方，则申请时应考虑提供如下内容。

①本专利的应用领域（即本专利直接所属或直接应用的具体技术领域）。

②本专利的目的是什么，或要解决的技术问题是什么？

③已有技术/产品的不足：即说明与本专利的内容最相似的产品，需要说明已有药物产品的结构式/分子量/序列等，以及已知的功能及应用，尤其指出该已有药物产品存在的缺点或不足之处。对于药物配方，需要说明已有配方的组成成分、比例、成分性能、用途，尤其指出该配方在用途方面的缺点或不足之处。如有引用文献，需要说明出处；如有参照产品，指出其规格、厂家。

④本专利的内容：应说明本专利达到目的或解决问题的技术手段。对于药物活性成分：应当描述该活性成分的名称及结构式/序列（包括各种官能基团、分子立体构型等）、制备方法、应用、原理；并应当记载与发明要解决的技术问题相关的化学、物理性能参数（如各种定性或者定量数据和图谱等）。对于配方：应当说明配方组分、各组分可选择的范围、各组分的含量范围、各组分的性质，配方用途，如可能需说明配方制作工艺。说明技术优化的思路。对于新的药物化合物或者药物组合物，应当记载其具体的医药用途或者药理作用，同时还应当记载其有效量及使用方法。如果本领域技术人员无法根据现有技术预测发明能够实现所述医药用途、药理作用，则应当记载对于本领域技术人员来说，

足以证明发明的技术方案可以解决预期要解决的技术问题或者达到预期的技术效果的实验室试验（包括动物试验）或者临床试验的定性或者定量数据。

⑤本专利的效果：即新药物产品的用途，如用作制备治疗某类疾病的药或者诊断某类疾病等。

⑥附图与说明：与发明有关的试验结果，方法流程图等图解，附图中如涉及多个产品同时检验的情况，请用中文说明各个条带表示什么内容。

⑦本专利的具体实施例：对照附图，说明本专利的具体试验例子，必须有相应的技术参数、数据、及具体试验条件。如是药物化合物，则需要化合物的制备、鉴定、应用实施例，要说明有益效果，可以提供对比数据为好。

（5）以方法或工艺为主：技术/产品创新主要是基于药物产品的制备方法或工艺，则申请时应考虑提供如下内容。

①本专利的应用领域（即本专利直接所属或直接应用的具体技术领域）。

②本专利的目的是什么，或要解决的技术问题是什么？

③已有技术/产品的不足：即说明与本专利的内容最相似的方法/工艺。对于方法，需要说明已有方法的主要思路、步骤、效果，尤其指出该方法在解决本专利目的上的缺点或不足之处。对于工艺，需要说明已有工艺的主要原理及工艺步骤、工艺条件、使用原料，尤其指出该工艺存在的缺点或不足之处。如有引用文献，需要说明出处；如有参照产品，指出其规格、厂家。

④本专利的内容：应说明本专利达到目的或解决问题的技术手段。对于方法，应当说明本方法的主要思路、步骤。对于工艺，应当说明工艺步骤、工艺条件、使用原料，如可能需说明工艺原理。说明技术优化的思路。

⑤本专利的效果：有益效果可以由运算效率提高、降低能耗、产率提高、精度提高、工序简化、控制方便，以及有用性能的出现等方面反映出来。

⑥附图与说明：如有必要可以给出工艺流程图。

⑦本专利的具体实施例：说明本专利的具体试验例子，必须有相应的技术参数、数据。数据说明可以采用图表形式。说明有益效果，以提供对比数据为好。

（6）以医疗器具为主：技术/产品创新主要是基于医疗器具，则申请时应提供如下内容。

①本专利的应用领域（即本专利直接所属或直接应用的具体技术领域）。

②本专利的目的是什么，或要解决的技术问题是什么？

③已有技术/产品的不足：即说明与本专利的内容最相似的产品，需要说明已有产品的主要结构及原理，尤其指出该已有产品存在的缺点或不足之处。如有引用文献，需要说明出处；如有参考产品，指出其型号、厂家。

④本专利的内容：应说明本专利达到目的或解决问题的技术手段。如果涉及器械或设备，应当描述器械或设备的机械构成，尤其说明各组成部分之间的相互关系，例如形状、位置、连接关系、相互作用原理，创新点对于装置或设备的作用。说明技术优化的思路。

⑤本专利的效果：有益效果可以由质量、精度和效率的提高，原材料、工序的节省，加工、操作、控制、使用的简便，以及有用性能的出现等方面反映出来。

⑥附图与说明：器械或设备的图解，图应以机械制图的标准绘制，实用新型申请必须带附图。

⑦本专利的具体实施例：对照附图，说明本专利的具体试验例子，必须有相应的技术参数、数据，如需要说明有益效果，以提供对比数据为好。

十一、专利撰写思路与写作模板

82. 专利申请文档的结构与主要内容

（1）文档间结构关系。

专利申请文件的撰写，是法律性和技术性都非常强的工作。申请文件撰写得好坏直接影响能否获得专利权、影响专利保护范围的大小，也会影响该申请在专利局的审批速度。因此，能否撰写出一份既适合具体发明的特点、又符合法律要求的专利申请文件，关系到专利申请人的切身利益。专利申请需提交的文件如下所示。

①请求书（代理人与发明人填写）；

②说明书（发明人填写）；

③权利要求书（发明人填写）；

④说明书摘要（发明人填写）；

⑤说明书附图和摘要附图（发明人填写）；

⑥及其他附件等（代理人填写）。

下面对各文件进行详细说明。专利撰写的主要内容集中在权利要求书、说明书这两个文档上。权利要求书是整个专利中的核心文档，一旦授权则具有法律效用，其限定了专利保护范围。专利保护范围的核心是独立权项，一个权利要求书可以包含多个紧密相关的独立权项，每个独立权项可以认为是一个保护的核心，在这个核心的周围还可以有多个从属权项用于扩大或深化独立权项的保护范围，从而实现对专利保护范围的最大化。说明书是对权利要求书的解释说明，其中"技术背景"用于向专利审查员说明本专利的来由、背景，表明本发明的需求迫切性；"发明内容"说明如何解决问题；"有益效果"阐述专利的创新点（审查员判断是否能够授权的关键）；"具体实施方式"中需要举出几个例子，向审查员证明权利要求书中所述的技术特征在现有技术条件下都是可行的（不可复现的东西是不能申请专利的）。

其余的文档还包括说明书附图、摘要以及摘要附图，都是专利的辅助文档，这些格式文档，按照其说明填写即可。

（2）权利要求书。

权利要求书是专利申请中的核心，它限定专利申请的保护范围（但是需要说明书的支持），它是专利审查员判断该发明是否具有新颖性和创造性的依据（关系到是否能授权），同时也是日后发生侵权纠纷时，判断是否侵权的法律依据。权利要求书由一组权利要求（权项）组成，一份权利要求书至少有一项权利要求，权利要求中所描述技术特征的总和是该发明的技术方案。

权利要求的形式分类包括独立权利要求和从属权利要求。

独立权利要求（独立权项）是权利要求书文档的主体，用于记载解决技术问题的必要技术特征。必要技术特征是指发明为解决其技术问题不可缺少的技术特征，其涉及内容足以构成保护客体，使之区别于其他技术方案。

例如，为解决擦铅笔字问题而发明一种笔，独立权利要求如下撰写。

①一种铅笔，包括铅笔和橡皮头，其特征在于橡皮头与铅笔的末端连接。这里铅笔和橡皮头就是必要技术特征，而如何连接橡皮头与铅笔的铁皮是不必要的。

从属权利要求（从属权项）是对另一项权利要求的进一步限定。从属权利要求中描述的是附加的技术特征，是对被引用的权利要求作进一步限定。继续上个例子，还可以添加以下从属权项以扩大保护范围。

②根据权利要求1所述的一种铅笔，还包括铁皮，用于将橡皮头固定在铅笔末端。

③根据权利要求1所述的一种铅笔，还包括黏合剂，用于将橡皮头固定在铅笔末端。

权利要求的内容分类包括：产品（装置）权利要求（物的权利要求）；方法权利要求（活动的权利要求）。

产品权利要求是对物的权利要求，包括人类技术生产的物，如物品、物质、材料、工具、装置、设备仪器、部件、元件、线路、合金、涂料、水泥、玻璃、组合物、化合物等。产品（装置）权利要求用于描述产品的结构特征，其中的内容需要包括产品（装置）的部件以及各部件的连接关系、相互作用。例如上文中铅笔的例子，"铅笔和橡皮头"是部件，"橡皮头与铅笔的末端连接"是部件的连接关系。

方法权利要求涉及时间与空间，也就是在时间上的先后顺序，空间上不同的地点或移动，例如：制造方法、使用方法、通信方法、处理方法、安装方法以及将产品用于特定用途的方法。方法权利要求应当用工艺过程、操作条件、步骤或流程等来描述。再次以铅笔为例，可以写出一个独立权项。

④一种铅笔，在加工过程中在铅笔的末端固定一个橡皮头，在书写过程中可以使用铅笔末端的橡皮头擦字。

（3）说明书。

说明书是权利要求书的支持文档，即权利要求书中涉及的所有技术特征都必须包括在说明书中。并且说明书还需要清楚、完整地公开要求保护的技术方案，记载足够的实施例，并需要确保本领域内的技术人员能够实现，从而实现向社会充分地公开发明内容。说明书包括以下几部分：发明名称（不多于25字）、技术领域（简要叙述发明的涉及领域，便于专利审查机构分类）、背景技术（展开介绍本发明相关的应用背景、现有技术的优缺点）、发明内容（照抄权利要求书的全部内容）、有益效果（说明本发明的创新性与新颖性）、附图说明（说明书附图中所有编号对应的名称）、具体实施方式（尽可能详尽说明本发明所属技术特征的技术方案，证明专利的可行性）。

（4）说明书附图。

附图是说明书的一个组成部分，用图形补充文字部分的描述，帮助理解发明的每个技术特征和整体技术方案。

①机械、电学、物理领域中涉及产品的发明，说明书中必须有附图。

②发明有几张附图时，用阿拉伯数字顺序编图号。

（5）说明书摘要。

摘要是说明书公开内容的概述，用在专利公开后的文档首页，它仅是一种技术情报，不具有法律效力。

（6）摘要附图。

摘要附图用在专利公开后的文档首页，它仅是一种技术情报，不具有法律效力。

83. 专利撰写要诀

（1）将最核心的必要技术特征写入独立权利要求，实现最大限度的保护，将全部必要技术特征写入独立权利要求是一个非常重要的原则。如果独立权利要求中没有记载本专利所必不可少的技术特征，可能的结果是：该权利要求被宣告无效；或者，他人可能就未揭示的必要技术特征自行申请专利；并且，利用没有包含必要技术特征的专利权提起侵权诉讼，无法获得法律保护。因此，在撰写中，应该在对必要技术特征有充分了解的基础上，将必要技术记载到独立权利要求中。但并不是说，要将申请专利产品的全部零件都记录到独立权利要求中，而是要记载以下内容。

①用于完成本发明解决技术问题必不可少的技术特征；

②记载到权利要求中的技术特征是经过对实际情况进行综合产生的比较上位、比较概括和核心的技术特征；

③必要技术特征的描述与现今已有技术是可区别的，并需要得到说明书的支持。

（2）将非必要技术特征写入从属权利要求中，因为从属权项具有可选择性，可实现最大限度地保护在独立权利要求记载全部必要技术特征的同时，将非必要技术特征写入从属权利要求中。例 abc 为核心，d 非必要内容，若独立权项写为 abcd，则他人可以稍作修改，重新申请新的专利，例如申请专利 abce 不构成侵权。

（3）避免一项专利只有一项独立权利要求而没有从属权利要求（造成的）保护的范围过小。一项好的专利申请，应该在权利要求 1 中记载较少、较核心、较抽象的技术特征，以争取较宽的保护；同时，还在从属权利要求中,尽可能多地记载细化的技术特征或为解决一般问题的技术方案。

(4)避免独立权利要求对技术方案的表述过于具体或过于抽象不能得到说明书的支持,范围过大,无法授权。

(5)避免逻辑上的不一致;在权利要求书及说明书中,避免逻辑上的不一致,注意以下几个方面。

①技术术语的表述要一致;

②权利要求之间互相引用关系要清晰;

③保证说明书的附图标号与实际图号一致。

(6)避免权利要求记载的技术方案与现有技术划分错误;与现有技术进行划界可以表明所申请专利的新颖性,但是如果没有把握准确划分,不如不作划分,全部作为与现有技术的区别特征。这是因为,对实用新型专利而言,没有划分的权利要求书被授权后,不会因为没有划界或划界不正确而影响专利的有效性;对发明专利申请,在实质审查过程中有机会参考审查员引述的最接近对比文件,在答复审查意见的同时,可通过讨论明确对权利要求的划界(发明专利的申请过程中有两次修改的机会,可以与专利局的审查员进行讨论,讨论后与代理人协商专利的修改方法)。

(7)避免背景技术太简单、太空泛。说明书中的背景技术撰写过于简单,多半是由于对现有技术的不了解,在不了解现有技术的情况下,就难以准确把握主要创新性与新颖性。创新性与新颖性不突出会十分致命,专利审查员会认为专利不具有创新性而不予授权。最好能将检索到的现有技术进行总结(现有专利、文章、专著),写入背景技术中,同时在技术背景中介绍本发明专利的需求来源,进一步说明所申请专利的迫切性。

(8)避免技术理解错误使撰写之表达无法被理解甚至不可实现。这可能是专利作者的低级错误,也可能是"垃圾专利战略"的重要手段。如果属于前者,可能由于专利审查制度上的缺陷获得授权,但在行使专利权时可能造成困难或被他人请求宣告无效。

(9)避免公开不充分。专利说明书公开不充分可能导致专利被驳回或被宣告无效,更重要的一点是,权利要求书在与审查员沟通后进行的修改都必须来自说明书中,如果专利说明书公开不充分则导致权利要求书没有任何的修改余地。

84. 专利撰写【模版】

(1)专利撰写的顺序与文体结构。

前文涉及的都是一些抽象的概念与思路,读者可能难以理解,在这里进一步进行举例说明。设置了一个专利实例,基本涉及了常见技术特征的表述方法。

例:一种"AB方法与装置"。其中核心部件包括"ABCE",部件中D非必要,A已经申请了专利,C可以更换为G。

部件及其连接关系如下图所示。

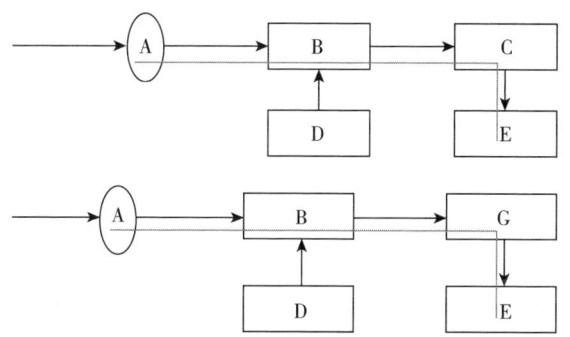

由于A已经申请了专利,因此不能申请单独A的权利要求,所以我们申请ABCE和ABGE的组合专利,创新点就是将ABCE或ABGE组合在一起,实现了A不能达到的功能或优点。

此专利的权利要求包括方法与装置两种类型的权项,因此需要2×2=4个独立权项,同时由于D是非必要的,所以D写入从属权项,所以有ABCE方法、ABGE方法、ABCE装置、ABGE装置4个独立权项,以及ABCDE方法、ABGDE方法、ABCDE装置、ABGDE装置4个从属权项。为了进一步扩大装置的保护范围,考虑到装置还可能需要添加F,因此再补充ABCDEF装置、ABGDEF装置2个从属权项。因此，本专利的权利要求共 10 项，构成了一个知识产权的保护网络。厘清了专利中权利要求的相互关系，下面就可以开始撰写专利了。

（2）专利文件撰写顺序。

①完成 6- 说明书附图 .doc。在此过程中有助于作者厘清专利的大致结构。

②完成 5- 说明书 .doc 中的附图说明部分，确定附图名称、部件名称，这有利于名词统一，避免撰写权利要求书、说明书等文档时出现技术名称不统一的情况。在这个实例中，我们将部件 A、B、C、D、E、F、G 分别编号为 1、2、3、4、5、6、7。

③根据附图说明，按照上图中的专利权利要求的关系，完成权利要求书中的 10 个权项。

④完成 5- 说明书 .doc 中的技术领域、技术背景部分，着重阐述技术背景的应用背景与现有技术。

⑤添加 5- 说明书 .doc 中的发明内容（copy 权利要求书）、有益效果（创新点优点）。

⑥尽可能详尽地撰写 5- 说明书 .doc 中的具体实施方式。

⑦挑选说明书中的专利核心思想、创新点、优点综合为 2- 说明书摘要 .doc。

⑧将 6- 说明书附图 .doc 中最核心的附图作为 3- 摘要附图 .doc。

⑨完成余下的 1- 发明专利请求书 .doc、7- 费用减缓 .doc、8- 要求提前公布声明 .doc、9- 实质审查请求书 .doc。

⑩专利代理委托书 .doc。

（3）发明专利申请费用是 3000 元左右，若申请了费用减缓，则申请费用是 1070 元。一般国内的专利代理费用在 1000～6000 元（如果自己写专利，价格差不多就是 1000～2000 元代理费，全交给代理写大约在 3000～6000 元）。专利的申请过程如下，首先与代理人完成申请文档（包括权利要求书、说明书等）并递交给国家知识产权局，进行形式审查，形式审查通过后，如果是实用新型专利则可以直接授权，如果是发明专利则需要审查员进行实质审查，审查员若同意授权，则发明专利最快可 18 个月授权，若审查员不同意授权，发明人可以进行两次修改，修改通过后则授权。专利在实际撰写中涉及了许多专利文体结构的形式要求，但重要的是在保证形式符合专利法要求的前提下，尽可能地扩大自我保护范围。发明人完成一个专利的过程中，涉及了针对发明本身的深入分析、综合。发明人需要与代理人、审查员不断沟通，每一份授权的专利都是发明人（代理人）与审查员之间交互过程的结果。如果读者有机会与代理人合作多个专利，就可以脱离代理人，自己直接撰写。

（4）模板。近年来，超长焦距透镜广泛应用于高能激光器、天文望远镜等大型光学系统领域，此类大尺寸透镜的加工、检测与装配具有很高的难度。作为超长焦距透镜的重要参数，其焦距测量一直是光学测量领域的一个难点，主要因素在于：数值孔径小、焦深长，难以实现精确定焦；焦距长，难以精密测长；光路长，测量容易受到环境干扰。因此，放大率法或五棱镜法等传统的定焦方法难以实现超长焦距的高精度测量。针对超长焦距测量，国内学者提出了新的测量方法，发表的文献主要包括:《中国测试技术》的《泰伯-莫尔法测量长焦距系统的焦距》;《光子学报》的《Ronchi 光栅 Talbot 效应长焦距测量的准确度极限研究》。此类技术主要采用了泰伯-莫尔法，利用 Ronchi 光栅、Talbot 效应实现定焦，通过数字信号处理技术测量焦距。该类测量方法的灵敏度相比传统方法有所提高，但光路长、测量过程复杂、需测量的参数多，相比较国外的长焦距测量技术，*The Optical Society of America* 中 2002 年发表的 *Focallength measurements for the National Ignition Facility largelenses* 中，采用了菲索干涉组合透镜超长焦距测量技术进行长焦距测量，并达到很高的测量精度。该测量方法利用组合透镜方法减小了光路长度、简化了测量过程。但此方法测量过程中，采用干涉条纹定焦，干涉图案易受温度、气流、振动等环境状态因素的干扰，对测量环境提出了苛刻的要求。以上几种测量方法的共性还在于：其评价尺度都是基于垂轴方向的图像信息。由于光学系统的物距变化引起的轴向放大率变化是垂轴放大率变化的平方，如果能够选取一种轴向信息作为评价尺度，则可以进一步提高焦距测量的灵敏度。近年来，国内外显微成像领域的共焦显微技术快速发展，该技术以轴向的光强响应曲线作为评价尺度，灵敏度高于垂轴方向的评价方法，并且由于采用光强作为数据信息，相比图像处理方法具有更高的抗环境干扰能力。例如中国专利"共焦显微镜"（专利号01122439.8），提出了共焦显微技术，该技术主要适用于微观显微测量领域。迄今为止，尚未见到将该项技术直接应用于超长焦距定焦的报道。

发明内容：本发明的目的是为了解决×××问题，而提出一种AB方法与装置。本发明的目的是通过下述技术方案实现的。（下面照抄权利要求书）AB方法，其特征如下。

①光线透过A与B后会聚G的传感器表面；
②G将传感器表面的图像数据传输给E；
③E由下式计算结果：结果=1+1AB方法，D控制B的工作状态。AB装置，包括A，还包括B、C、E；其中A、B、C依次放在光线的入射方向，E通过信号线与C连接。AB装置，包括D通过数据线与B连接。AB装置，包括F，A与B装配在F内部。AB装置，包括A，还包括B、G、E；其中A、B、G依次放在光线的入射方向，E通过信号线与C连接。AB装置包括D通过数据线与B连接。AB装置包括F，A与B装配在F内部。

有益效果：本发明对比已有技术具有以下创新点。

①使用B增强效果；
②将A与B结合本发明对比已有技术具有以下显著优点：1.A与B结合后显著提高了×××的精度；2.系统中E可实现系统自动化处理；3.附图说明

图1为本发明方法的示意图；
图2为本发明装置的示意图；
图3为本发明装置的示意图；
图4为本发明实施例的示意图；
图5为本发明实施例的示意图。

其中：1-A、2-B、3-C、4-D、5-E、6-F、7-G、8-AA。

具体实施方式：

下面结合附图和实施例对本发明作进一步说明。

本发明的基本思想是利用融合A与B实现高精度×××。

实施例1

采用附图5所示的装置实现×××测量；

尽可能详细地描述ABCDEF装置的方法与装置；

采用的结构参数，部件，详细的测量步骤，测量结果（可选），需要与权力要求书的1、2、5、6、7相对应，并尽可能详细。

例如：

针对×××应用的AB装置，包括A1、B2、C3、E5，其中A1采用××公司口径××的AA8镜头，B2采用××国××××型号的光学中继系统，C3是×××公司的××型号传感器、E是××型号的处理单元；

其中A1镜头的设计参数为……线依次通过A1、B2、C3依次放在光线的入射方向，光线通过A1、B2后会聚在C3表面，C3将光强转化为电信号。E通过信号线与C连接……

实施例2

采用附图6所示的装置实现×××测量；

尽可能详细地描述ABGDEF装置的方法与装置；

采用的结构参数，部件，详细的测量步骤，测量结果（可选），需要与权利要求书的3、4、8、9、10相对应，并尽可能详细。

实施例3

此实施例通过一系列的措施实现了×××测量，实现了AB方法与装置，与常规测量方法相比，具有更高的测量精度。

以上结合附图对本发明的具体实施方式作了说明，但这些说明不能被理解为限制了本发明的范围，本发明的保护范围由随附的权利要求书限定，任何在本发明权利要求基础上的改动都是本发明的保护范围。

附录4：说明书摘要

本发明属于光学精密测量技术领域，涉及一种AB方法与装置。

该方法过程中，光线透过A与B后会聚C的传感器表面，C将传感器表面的图像数据传输给E，E实现高精度×××测量，同时D还可以控制B的工作状态。本发明首次将A与B融合，提出了AB原理，具有测量精度高、灵敏度高的优点，可用于×××的检测与装配过程中的高精度焦距测量。

附录5：摘要附图

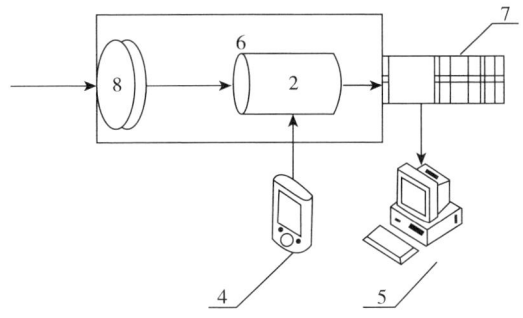

85. 机械产品专利的权利要求树形表、五要素和三层次

（1）前言。

机械产品专利撰写难度很高，尤其在我国很多申请人没有能力将自己的发明创造讲清楚的情况下，代理人的大量工作都集中在如何将申请人的技术方案表达清楚，而不是专注于如何撰写最合适的保护范围。传统的用树形图的方法整理机械产品专利的撰写思路的方法不适合当前采用电脑办公软件撰写专利的情况。在现代办公条件下，采用电子表格的方式对机械产品专利进行权利要求书和说明书撰写前的结构分析，辅助以名称、结构、材料、位置和连接方式5种属性与组件、零件和部件三层次，撰写机械产品专利的技术方案变得清晰而且简单。专门研究一下如何将机械产品专利描述清楚非常有必要。第一，虽然欧美发达国家申请专利数量最多的技术领域已经从电子信息技术转向生物化学技术，但从我国的申请数量来看，机械领域的专利仍然数量最多。第二，我国排名前二十名的专利代理机构主要代理外国申请，外文的专利申请文件写得极为详细，国内代理机构只需要付出翻译的劳动即可。但是我国国内专利申请人的水平普遍不高，很少有能力可以将自己的发明要点清晰地描述清楚，专利代理人的工作首先是将申请人的技术方案理解清楚，然后才涉及如何将技术方案用文字定义清楚，最后才到如何确定最合适的保护范围的步骤。基于以上两点，机械产品专利最多，申请人讲不清楚

技术方案，专利代理人描述机械产品的功底便非常重要。现有的讲解专利撰写的书籍，绝大多数都建立在申请人的技术方案清楚和完整的基础上，分析如何撰写权利要求，殊不知，在实际的专利代理工作中，将技术方案讲清楚却是更困扰奋斗在专利代理第一线的专利代理人们的关键问题。本节的内容是关于如何将机械产品专利的技术方案清楚和完整地展示出来的撰写技巧。

（2）树形表。

树形图大家都知道，用一个类似树的图，从根部伸展开来，逐渐分支分叉，形成下一级结构，以此将机械产品的结构层次讲解清楚。树形图对于初入行的专利代理人有重要作用，但可想而知，无人愿意在写每一个专利时都要手动画一个树形图。现在都用电脑软件撰写专利，写专利不能脱离电脑，用树形表代替树形图，可以将专利代理人从画树形图的程序性工作中解放出来，专注于技术方案本身。实际专利代理工作中最常见的情况是申请人只提供了附图，甚至连附图也没有提供，只提供了机械产品的照片，专利代理人要根据照片或者实物绘图，机械产品的每个零件自行取名并分配附图标记，再根据申请人的口头描述整理技术方案，这才是绝大多数机械领域专利代理人的工作原生态。以一个案件实例为例，讲解树形表的撰写。图1是申请人提供的一种吊车的原始图纸，图2是设置了附图标记之后的专利附图，图3是表达技术方案的树形图，其中列出了本吊车的所有零件，以及一定的逻辑层次关系，技术方案是吊车安装在上层楼层结构楼面（01）与安装楼层结构楼面（02）之间，吊车本身包括上层楼层固定件（11）、悬吊装置（2）、支撑梁（3）、安装楼层固定件（12）、轨道（4）和电动葫芦（5）；其中悬吊装置（2）又包括卡环（22）、钢丝绳（21）、钢丝绳夹（23）和花篮螺栓（24），支撑梁（3）又包括耳板（35）和连接钢板（34）。图3的树形图在结构上自然是清楚的，但其缺点在于使用电脑软件画出合适位置的方框非常烦琐，再向方框内填写文字更是麻烦，而且树形图只能描述各个零件的逻辑层次关系，但不能在树形图中标记每个零件的技术特征，例如"上层楼层固定件11可为固定于预埋件的铁码，也可为预埋件本身"，这样的技术特征在树形图中不方便用文字进行标记。

专利基础知识与申请指导

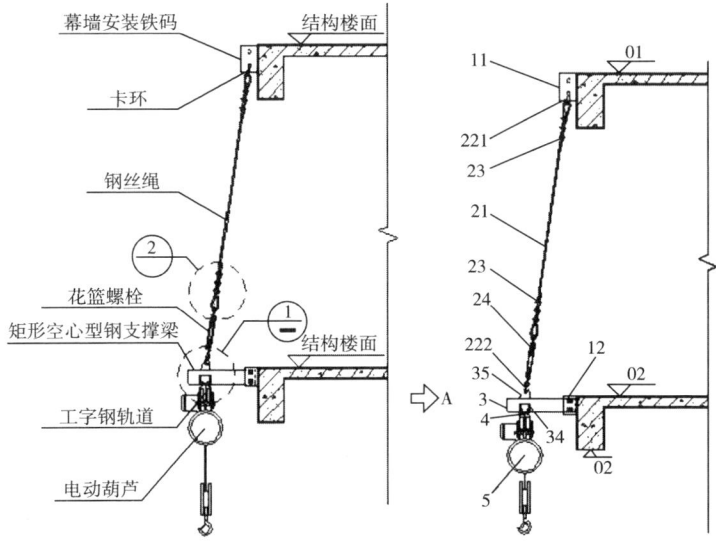

图1 原始交底图　　　图2 带标记的专利附图

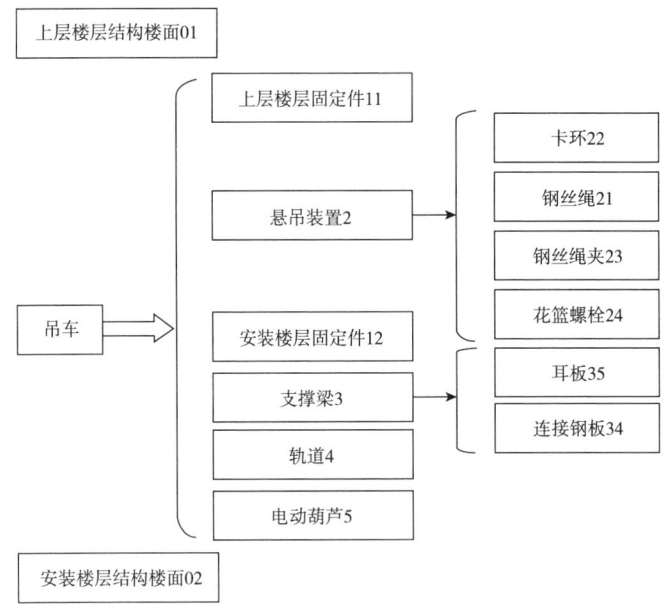

图3 树形图

·74·

名称	组件	零件	部件	技术特征
上层楼层结构楼面 01				
吊车	上层楼层固定件 11		可为固定于预埋件的铁码，也可为预埋件本身	所述上层楼层固定件固定于上层楼层
	悬吊装置 2	卡环 22	上卡环 221 下卡环 222	所述悬吊装置连接于所述上层楼层固定件和所述支撑梁的悬吊端
		钢丝绳 21		
		钢丝绳夹 23		
		花篮螺栓 24		
	支撑梁 3	耳板 35		所述支撑梁包括悬吊端和固定连接于所述安装楼层固定件的固定端
		连接钢板 34		
	安装楼层固定件 12			所述安装楼层固定件固定于安装楼层
	轨道 4			所述轨道固定连接于所述支撑梁
	提升机 5	电动葫芦 5		所述提升机运行于所述轨道
安装楼层结构楼面 02				

图 4 树形表

图 4 则采用电子表格将图 3 的树形图转化成树形表，采用电子表格比较方便的原因是电子表格可以很方便地进行添加行、添加列、合并单元格、拆分单元格、输入和修改文字等操作，既可以表现出树形图的层次结构，又可以很容易地添加技术特征的文字，操作方便，不会因为制作表格的工作影响专利代理人的思路。对于树形表，需要添加行或者列时，只要选择行或者列，然后右键菜单选择插入行或者插入列即可；需

要合并单元格时,只要选择要合并的两个单元格,然后右键菜单选择合并单元格即可;需要拆分单元格时,只要右键菜单选择拆分单元格即可,也可以直接用表格和边框工具栏绘制表格线进行拆分;如果因为行和列过多而显示不下时,可以将页面视图改成普通视图。在第一列,就是专利产品本身,本发明创造是吊车,安装在上层楼层结构楼面 01 和安装楼层结构楼面 02,楼面 01 和楼面 02 不属于吊车的一部分,因此在第一列中与吊车并列。第二列,就是吊车包含的各个组件;第三列,就是组件下属的零件,零件下面还可以包括更细层次的零件;最后一列可用于针对每个零件标记其技术特征,将每个零件的技术特征均写在树形表中,将树形表中的全部技术特征写在一起就自然形成了权利要求。树形表中的每一行,代表一个零件。长久以来,机械产品专利的权利要求的写法有两种,一种是先将全部必要部件罗列出来,然后依次描述各个部件的属性和各个部件之间的相互关系。另一种是不罗列各个部件,而是由 A 部件描述到 B 部件,再由 B 部件描述到 C 部件,再由 C 部件描述到 D 部件。这两种撰写方式,前者是国际上撰写机械产品专利的主流,也是符合机械产品本身的属性要求的。树形表就是强化了这种权利要求的撰写方式,符合国际潮流。

(3)五要素之一:名称。

所谓专利申请文件的撰写,其实就是用语言结合附图把一种产品或者方法唯一确定地表达出来。机械产品专利的撰写就是用语言和附图的结合把一种不同部件组合而成的产品唯一确定地表达出来。鉴于此,其实抓住了机械产品专利的几个要素,撰写就非常容易。五要素,就是可以作为机械产品的技术特征的 5 种属性,包括名称、结构、材料、位置和连接关系。专利撰写的目标是描述一件机械类产品,而这个产品是由各个部件按照各种方式组成的,撰写的第一件事情就是确定产品名称和各个部件的名称。确定名称并不是一件容易的事情,专利代理人的功底之一是要为产品的某个组件或者零件命名。因为申请人提供的技术资料可能根本没有为产品的各个零件命名,或者即便提供了名称,也不符合专利法的要求,或者提供的名称不利于获得最大的保护范围。第一种情况,假设发明人把某个部件称为"弹簧",但是任何"弹性件"都能完成相同功能，故合格的撰写人必须将弹簧改成"弹性件"，这是一种上位化，扩大申请人的保护范围。第二种情况，假设发明人把某个部件称为"××带"，但是这里的"带"字就限定了形状和结构，因为在一般情况下"带"指的是又扁又长的物件，"带"字本身就具有形状和结构的双重描述，如果"又长又扁"本来不是必要技术特征，就不应该采用"××带"的名称，改成"××件"就不具有"又长又扁"的形状和结构特征，能扩大保护范围。由此可见，名称的选择，对于撰写质量的好坏、保护范围的大小是很有关系的。最好的名称是"功能词＋万用词"，目的是通过增强上位化和避免多义性来扩大申请人的保护范围。功能词指的是该零件的作用是什么，例如：移动、转动、连接、遮挡和撕扯等，万用词是部、件、装置和设备，可以将零件命名为连接部、连接件、连接装置、连接设备、遮挡部和遮挡件等。将零件命名为功能词＋万用词，既能够恰如其分，又能最大程度扩展保护范围。

（4）五要素之二：结构。

机械产品专利本质上要求具有形状和构造，这两种特征自然是应该具备。结构包括形状和构造，形状是圆、方的平面形状和球、立方、棱柱、圆锥、棱锥等立体形状，构造是空心、挖槽等无法用单一形状描述的在形状的基础上开具的复杂结构。机械产品专利要保护的产品是由各个部件组成的，而各个部件还具有不同的部分，如图5所示水笔的附图。一支常用的水笔，如图5，可以写成由笔帽（1）、笔体（2）和笔芯（3）组成，而笔帽（1）还包括笔帽体（11）（套在笔头（22）和笔杆（21）的圆筒）和笔夹（12）（固定于笔帽体（11）的可夹在衣服兜的长条），笔体（2）包括笔杆（21）（空心圆柱体，内有容纳笔芯（3）的空间（211））、笔头（22）（能从笔杆（21）拧下来换笔芯（3）的空心带孔圆锥体，具有容纳笔芯的空间（221）和穿过笔芯的孔（222））和握笔器（23）（套在笔杆（21）上的空心圆柱体）。机械产品专利常遇到实体部件和虚体部件，某种程度上可以说，实体部件是一种形状，虚体部件是一种构造。所述笔杆（21）是个很简单的空心圆柱体，描述其形状只是用"空心圆柱体"就足够了，这里实体部件就是圆柱壁面，虚体部件则是圆柱壁面围绕形成的容纳笔芯的空间（211）。同样对于笔头

（22）来说，实体部件是空心带孔圆锥体，虚体部件则是容纳笔芯的空间（221）和穿过笔芯的孔（222）。实体部件是存在实体的部件，而虚体部件是实体部件之上形成的孔、槽之类的虚体空间。在描述机械产品专利的形状和构造时，免不了总要面对实体部件和虚体部件的区别。也许可以说实体部件常常对应形状，而描述虚体部件时就要用到构造。比如所述的"袋部"，就是因为用实体部件围绕形成了容纳物件的虚体空间，虚体空间只用形状无法准确描述特征，所以要用到"袋部"这种构造描述。"袋"不是一种形状，没听说过"袋"形物品，"袋"是一种构造。

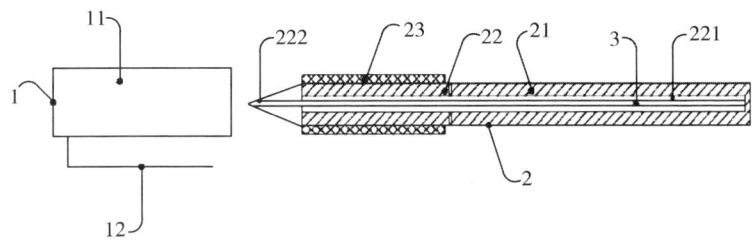

图5　水笔

虚体部件是很重要的，通孔、燕尾槽、滑道等都是虚体部件，是实体部件围绕形成的空间构造。什么是形状，什么是构造，研究这个其实并没有太大意义。有意义的是，在撰写机械产品专利时，必须有意识地考虑，组成产品部件的形状和构造是否是必要技术特征，不是必要技术特征则只确定部件的名称即可，是必要技术特征就要考虑如何描述形状和构造。

（5）五要素之三：材料。

机械产品也是保护材料的，但实用新型专利不保护材料。机械产品的每个零件，其技术特征也可能是材料本身的改进，所以材料也有可能成为机械产品的必需技术特征。

（6）五要素之四&五：位置与连接关系。

位置和连接关系也是撰写机械产品专利必须考虑的问题，连接关系其实是机械产品专利最重要的技术特征，比结构更加重要，但位置特征也是机械专利绝对不可缺少的技术特征。有时形状和构造不一定是技术特征，但连接（位置）关系永远都是机械产品必需的技术特征。在机械产品专利的撰写中，连接关系必须永远注意，描述任意一个部件都必须通过它与其他部件的连接关系来定义它。比如前述的笔帽（1）包括笔帽体（11）和笔夹（12），在描述笔夹（12）时可以不写笔夹的形状和结构，但是必须写明"所述笔夹（12）固定连接于所述笔帽体（11）的一端"，位置就是"一端"，连接方式就是"固定连接"。在所有这5个要素中，名称、位置和连接关系在权利要求书中是必须作为必要技术特征描述的，除非是前序部分的共知常识，如果罗列部件名称，却不提及位置和连接关系，技术方案也是不完整的。比如"笔帽（1）包括笔帽体（11）和笔夹（12）"，这样导致的后果是保护范围不清楚，这是驳回申请的理由，也是无效宣告的理由。机械产品专利正确的写法是永远都要把位置和连接关系作为技术特征来描述，比如"笔帽（1）包括笔帽体（11），以及固定连接于所述笔帽体（11）一端的笔夹（12）"。当然，以上仅仅是示例，实际工作中的情况千变万化，不以此为限。

（7）三层次与五要素。

机械产品可以分为组件、零件和部件3个大的层次。组件是多个零件构成的一起完成某个功能的集合，例如电动机是包括外壳、内芯和输出轴等多个零件的，但在专利中一般作为单一的技术特征进行描述，因为它就是起到动力作用。其次是零件，零件就是将机械产品拆卸到最分散程度时仍然保持自身完整的最小机械构成。比如，一根轴、一颗螺丝。部件，就是零件身上还需要继续进行定义的技术特征，介于组件和零件之间，有一定功能但又有一定零件特性的零件小集合。例如螺丝包括螺纹杆和螺帽两部分，螺纹杆和螺帽就是部件。对于机械产品的这3个层次来说，五要素具有不同的重要性。关于名称，一般来说对于机械产品的部件的命名是代理人最重要的功底。因为组件和零件一般在机械领域均有通用名称，无须特别命名。例如作为组件的电动机、油缸、链条等，作为零件的机架、外壳等，但部件一般均需代理人自己命名。比如图5中的笔杆21内的容纳笔芯3的空间211，它作为一个部件，可以定义为容芯空间211，这就必须专利代理人自己命名。而笔帽1作为单独的零件，笔帽这个名称就是他的常用名称，一般无须专利代理人命名。关于结构，组件的形状和构造相对容易，因为组件自身的形状和构造常常并不重要，组件对于机械产品的作用主要是其功能，而不是其形状和构造等结构因素。零件和部件的结构特征则比较重要。关于材料，组件和部件一般不涉及材料，材料一般只针对零件。因为组件是多个零件组合的，不同的零件有不同的材料，需要对每个材料分别描述。而部件是零件的一部分，同一零件的不同部件都是同一材料，所以无须描述每个部件的材料。关于位置，对于组件和零件来说都比较简单，组件和零件一般用不到位置特征。位置特征对于部件是最重要的，因为部件基本都是代理人自行命名的，是零件的各个部分，能够对各个部件进行限定的技术特征主要是结构和位置。例如图5的容芯空间（211）的位置就是在笔杆（21）内部，结构就是空心圆柱，不存在连接关系。关于连接关系，对于组件和零件非常重要，因为组件和零件本身的技术特征一般已经比较清晰，能够对组件和零件进行进一步限定的就是连接关系这个属性了。对于部件来说，由于部件是零件的各个部分，所以其连接关系都是一体成形的，并不涉及多种连接方式。

（8）结论。

在撰写一篇机械产品专利时，首先应该形成一个图4所示的树形表，无论是在心中还是在电脑中。不过，树形表中的列应该由专利代理人根据具体的机械产品的不同而自行设置，并不限于第一列是专利产品、第二列是组件、第三列是零件、第四列是部件。例如，有可能第一列是产品，第二列是零件，第三列就是构成独立权利要求的全部技术特征，这些技术特征就是每个零件的名称、结构、材料、位置和连接关系等要素。第四列就是从属权利要求2，第五列就是从属权利要求3，以此类推。由此，一个树形表就可以将整个权利要求书装下，完成一个树形表就是完成了一个权利要求书，而且逻辑清楚，操作方便。更进一步的，树形表可以称作权利要求表，权利要求表的每行都是一个技术特征，每列都是一项权利要求，这不再是一个机械产品的树形表，而是技术特征和权利要求的坐标表，这种权利要求表的形式，非常有助于对技术方案的理解。推而广之，权利要求表的形式不仅仅适用于机械产品专利，而且可以适用于任何种类专利的权利要求的撰写。无论是生化产品、电子产品或者机械产品,还是方法类专利,归根结底都是技术特征和权利要求的集合,用权利要求表的形式将各种权利要求改写成技术特征和权利要求的坐标表,也许是可行的,这将极大地改善人们对权利要求的理解。

86. 浅谈专利权利要求书及说明书撰写思路或技巧

精确描述:确保你的描述准确无误,避免模糊或模棱两可的措辞。使用清晰、具体和具体的语言,以确保他人能够理解你的发明或创新。

结构化组织:按照规定的格式和结构组织权利要求书和说明书。确保逻辑连贯、清晰易懂,并遵循规定的部分顺序。

全面披露:在说明书中提供充分的技术细节和实施方式,以确保完整披露你的发明。尽可能详细地描述发明的结构、功能和优点,包括实施细节、步骤和相关的技术背景。

确保一致性:在权利要求书和说明书中使用一致的术语和描述。避免使用模糊或不一致的表达方式,以减少可能的歧义和解释争议。

图示支持:在说明书中使用图示来支持对发明的描述。图示可以更直观地展示发明的结构和功能,帮助他人理解你的发明。

专利术语的正确运用:使用正确的专利术语和法律术语,确保文档的准确性和专业性。

注重语言表达:注意语言的准确性和清晰性。使用简练的句子和段落,避免冗长和啰嗦的描述。

借鉴优秀案例:研究和借鉴优秀的专利文件案例,了解规范要求和行业惯例,以提升你的撰写技巧。

评审和修改:定期评审和修改你的权利要求书和说明书。确保准确、完整和一致的描述,同时消除潜在的漏洞和不清晰之处。

寻求专业帮助:如果需要,可以咨询专利代理人或专业律师的意见和建议。他们具有专业知识和经验,可以帮助你撰写高质量和有效的专利申请文件。具体撰写时还需遵循相应的法规和规定,并根据实际情况进行调整。

87. 专利申请人为单位，设计人不属于该单位时，是否需要转让证明或其他文件？设计人属于该单位时又该如何？

申请人（个人）和发明人（或设计人）可以是不同的人员。如果设计人不属于申请人所在的单位，那么不需要提供转让证明或其他相关文件。

然而，如果设计人属于申请人单位，根据《专利法》第六条的规定，如果该发明或设计是在执行单位任务或主要利用单位的物质技术条件下完成的，那么这被称为"职务发明"。在这种情况下，申请专利权的权利属于单位本身，申请获得批准后，单位将成为专利权人。

而对于利用单位的物质技术条件完成的发明或设计，在单位和发明人（或设计人）之间签订的合同中，明确约定了申请专利的权利和专利权的归属。在这种情况下，按照合同约定执行。

总结来说，如果设计人属于单位，根据职务发明的规定，申请专利的权利归属单位。而对于利用单位资源完成的发明或设计，在单位和发明人（或设计人）之间的合同中，对于专利权的归属会有具体约定。

88. 职务发明与非职务发明是怎样界定的？

根据我国《专利法》第六条的规定，执行本单位任务或主要利用本单位的物质技术条件完成的发明或设计被称为职务发明创造。对于职务发明创造，申请专利的权利属于该单位，一旦申请获得批准，该单位将成为专利权人。

对于非职务发明创造，即不是在执行本单位任务或利用单位的物质技术条件下完成的发明或设计，申请专利的权利属于发明人或设计人自己。一旦申请获得批准，相应的发明人或设计人将成为专利权人。

当单位和发明人或设计人之间存在合同关系，并且在合同中明确约定了申请专利的权利和专利权的归属时，那么根据合同约定执行。

需要注意的是，本单位不仅包括正式工作单位，还包括临时工作单位。而本单位的物质技术条件指的是单位的资金、设备、零部件、原材料或不向外界公开的技术资料等。

综上所述,《专利法》第六条明确了职务发明创造和非职务发明创造的申请专利权归属规定,并允许单位和发明人或设计人在合同中对权利和归属进行约定。

89. 保密专利申请的审批程序是什么?

保密审查员对需要保密的专利申请案卷进行保密标记,并在解密决定作出之前进行保密管理。保密专利申请的初步审查和实质审查由国家知识产权局专利局指定的审查员负责进行。

对于发明专利申请,保密申请的初步审查和实质审查按照与一般发明专利申请相同的标准进行。通过初步审查且符合规定的保密专利申请不会公开,而是直接进入实质审查程序。如果经实质审查没有发现任何驳回理由,将会作出授予保密发明专利权的决定,并发出授予发明专利权通知书和办理登记手续通知书。

对于实用新型专利申请,保密申请的初步审查也按照与一般实用新型专利申请相同的标准进行。如果经初步审查没有发现任何驳回理由,将会作出授予保密实用新型专利权的决定,并发出授予实用新型专利权通知书和办理登记手续通知书。

而保密专利申请的授权公告只会公布专利号、专利申请日和授权公告日的信息,其他具体内容将保持保密状态。

总之,保密专利申请在初步审查和实质审查中遵循相同的审查标准,并在授权公告中只公布有限的信息,以维护其保密性。

90. 专利说明书撰写问题

根据《专利法》的规定,说明书应当对发明或者实用新型作出清楚、完整的说明,以所属技术领域的技术人员能够实现为准。但是,我们在撰写说明书时,不能仅仅使其满足前述规定,如果专利权利要求是汽车,专利说明书就是汽车所需要的燃料。专利说明书越详细、充分,权利要求就会越稳定。根据《专利审查指南》的规定,专利权利要求所保护的技术方案,是利用自然规律,解决相关技术问题,达到相应技术效果。是很复杂的机械或电子类的发明,由于其材料或结构的变化,本领域技术人员很容易理解本专利为何可以达到相应的技术效果。但是对于复杂的电子、机械发明，新型材料发明，绝大多数化学发明，本领域技术人员很难一下子就明白其中的原理。虽然具体的技术效果可以证明本发明可以实现，但如果未说明其中的工作原理，代理人很难从具体的实施例中总结出更加上位的技术方案，不适宜技术成果的专利保护。同时，根据专利法相关司法解释规定及相关司法实践，我们对专利权利要求相关技术名词的理解、专利等同侵权的认定，都要充分考虑专利说明书的记载，如果说明书记载不充分，相关技术、等同特征的认定，可能只限于专利说明书的具体实施例，但是如果专利说明书对技术原理做了深入分析，相关技术名词、等同特征就可以扩大到具体实施例以外的范围。一旦技术原理弄清楚并记载于专利说明书中，就有利于确定解决某一技术问题而需要的必要技术特征，就不会造成独立权利要求在撰写时，被不恰当地缩小，本案就是典型的因未挖掘出技术原理，而使得独立权利要求保护范围相对较小。当然，对于不少化学发明，特别是药物发明，一时难以挖掘其中的工作原理或药理，在这种情况下，如果我们等待掌握了其中的工作原理，该技术发明可能已经被他人公开或申请了专利。在这种情况下，可以通过减少技术特征进行试验，得出减少技术特征后的技术方案能够解决的技术问题。有了实施例的支持，就满足了专利法的规定，授权的希望就更大，在没有具体实施例支持的情况下，不能自我假设地认为减少某技术特征可实现某些技术效果。就本案来说，如果通过试验发现不同重量比的泡腾剂发现本专利仍可治疗厌氧菌、滴虫、阿米巴、真菌、需氧菌之单纯或混合型感染所引起的妇科、肛肠科、皮肤科常见病，如盆腔炎、宫颈糜烂、阴道炎、内外痔、肛裂、肛瘘、直肠炎等，也就说明泡腾剂辅料的重量对能否治疗前述疾病无实质性影响，即便我们不清楚为什么能治疗前述疾病，仍可省去泡腾剂辅料这一技术特征，没有实施例，就不能武断地省去某一技术特征。在某些情况下，发明人为了尽快获得专利权，可能无充足时间做相应的试验。其保守方式是先按保守的方式撰写，待申请递交后，再通过试验省去一些不必要的技术特征，将新的技术方案申请专利保护。根据《专利审查指南》的规定，解决同一问题，申请文件相对现有技术省掉部分技术特征，仍具有新型性和创造性，仍可以申请专利。如果之前提交的申请还未公开，由于前后专利权利要求保护范围不一致，即使前后专利很类似，但不影响在后申请的专利，还可以主张优先权。需要说明的是，有些申请人为了抢占先机，在没有充分试验数据的情况下（但确信技术方案可以达到相应技术效果）就申请专利，待得到试验结果时再重新申请并主张优先权。这种方式不可取，因为在主张优先权时，在线专利权利要求能否得到说明书的支持，仅限于在先的专利说明书，而不包括在后的专利说明书。

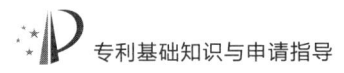

十二、专利申请及审查详细流程

91. 专利申请文件的填写和撰写

专利申请文件的填写和撰写有特定的要求，申请人可以自行填写或撰写，也可以委托专利代理机构代为办理。尽管委托专利代理是非强制性的，但是考虑到精心撰写专利申请文件的重要性，以及审批程序的法律严谨性，对经验不多的申请人来说，委托专利代理是值得提倡的。

92. 专利申请的受理

专利局受理处或各专利局代办处收到专利申请后，对符合受理条件的申请，将确定申请日，给予申请号，发出受理通知书。

93. 申请费的缴纳方式

申请费以及其他费用都可以直接向专利局收费处或专利局代办处面交，或通过银行或邮局汇付。目前，银行采用电子划拨，邮局采用电子汇兑方式。缴费人通过邮局或银行缴付专利费用时，应当在汇单上写明正确的申请号或者专利号，缴纳费用的名称使用简称。汇款人应当要求银行或邮局工作人员在汇款附言栏中录入上述缴费信息，通过邮局汇款的，还应当要求邮局工作人员录入完整通讯地址，包括邮政编码，这些信息在以后的程序中有着重要的作用。费用不得寄到专利局受理处。

94. 申请费缴纳的时间

面交专利申请文件的，可以在取得受理通知书及缴纳申请费通知书以后缴纳申请费。通过邮寄方式提交申请的，应当在收到受理通知书及缴纳申请费通知书以后再缴纳申请费,因为缴纳申请费需要写明相应的申请号,但是缴纳申请费的日期最迟不得超过自申请日起两个月。

95. 专利审批程序

依据专利法,发明专利申请的审批程序包括受理、初审、公布、实审以及授权 5 个阶段。实用新型或者外观设计专利申请在审批中不进行公布和实质审查,只有受理、初审和授权 3 个阶段。

96. 对专利申请文件的主动修改和补正

对专利申请文件的主动修改和补正也是申请人可以视需要选择的一项手续。实用新型和外观设计专利申请,只允许在申请日起两个月内提出主动修改;发明专利申请只允许在提出实审请求时和收到专利局发出的发明专利申请进入实质审查阶段通知书之日起三个月内对专利申请文件进行主动修改。

97. 答复专利局的各种通知书

(1)遵守答复期限,逾期答复和不答复后果是一样的。针对审查意见通知书指出的问题,分类逐条答复。答复可以表示同意审查员的意见,按照审查意见办理补正或者对申请进行修改;不同意审查员意见的,应陈述意见及理由。

(2)属于格式或者手续方面的缺陷,一般可以通过补正消除缺陷;明显实质性缺陷一般难以通过补正或者修改消除,多数情况下只能就是否存在或属于明显实质性缺陷进行申辩和陈述意见。

(3)对发明或者实用新型专利申请的补正或者修改均不得超出原说明书和权利要求书记载的范围,对外观设计专利申请的修改不得超出原图片或者照片表示的范围。修改文件应当按照规定格式提交替换页。

(4)答复应当按照规定的格式提交文件,如提交补正书或意见陈述书。一般补正形式问题或手续方面的问题使用补正书,修改申请的实质内容使用意见陈述书，申请人不同意审查员意见，进行申辩时使用意见陈述书。

98. 专利申请被视为撤回及其恢复

逾期未办理规定手续的，申请将被视为撤回，专利局将发出视为撤回通知书。申请人如有正当理由，可以在收到视为撤回通知书之日起两个月内，向专利局请求恢复权利，并说明理由。请求恢复权利的，应当提交"恢复权利请求书"，说明耽误期限的正当理由，缴纳恢复费，同时补办未完成的各种应当办理的手续。补办手续及补缴费用一般应当在上述两个月内完成。

99. 办理专利权登记手续

实用新型和外观设计专利申请经初步审查，发明专利申请经实质审查，未发现驳回理由的，专利局将发出授权通知书和办理登记手续通知书。申请人接到授权通知书和办理登记手续通知书以后，应当按照通知的要求在两个月之内办理登记手续并缴纳规定的费用。在期限内办理了登记手续并缴纳了规定费用的，专利局将授予专利权，颁发专利证书，在专利登记簿上记录，并在专利公报上公告，专利权自公告之日起生效。未在规定的期限内按规定办理登记手续的，视为放弃取得专利权的权利。

100. 办理登记手续应缴纳的费用

办理登记手续时，不必再提交任何文件，申请人只需按规定缴纳专利登记费（包括公告印刷费用）和授权当年的年费、印花税，发明专利申请授权时间距申请日超过两年的，还应当缴纳申请维持费。授权当年按照办理登记手续通知书中指明的年度缴纳相应费用。

101. 专利权的维持

专利申请被授予专利权后，专利权人应于每一年度期满前一个月预缴下一年度的年费。期满未缴纳或未缴足，专利局将发出缴费通知书，通知专利权人自应当缴纳年费期满之日起六个月内补缴，同时缴纳滞纳金。滞纳金的金额按照每超过规定的缴费时间一个月，加收当年全额年费的5%计算；期满未缴纳的或者缴纳数额不足的，专利权自应缴纳年费期满之日起终止。

102. 专利权的终止

专利权的终止根据其终止的原因可分为期限届满终止和未缴费终止。

（1）期限届满终止：发明专利权自申请日起算维持20年，实用新型或外观设计专利权自申请日起算维持满10年，依法终止。

（2）未缴费终止：专利局发出缴费通知书，通知申请人缴纳年费及滞纳金后，申请人仍未缴纳或缴足年费及滞纳金的，专利权自上一年度期满之日起终止。

103. 专利权的无效

专利申请自授权之日起，任何单位或个人认为该专利权的授予不符合专利法有关规定的，可以请求宣告该专利权无效。请求宣告专利权无效或者部分无效的，应当按规定缴纳费用，提交无效宣告请求书一式两份，写明请求宣告无效的专利名称、专利号并写明依据的事实和理由，附上必要的证据。对专利的无效请求所作出的决定任何一方如有不服的，可以在收到通知之日起三个月内向人民法院起诉。专利局在决定发生法律效力以后予以登记和公告。宣告无效的专利权视为自始即不存在。

专利申请与审查流程图及注意事项

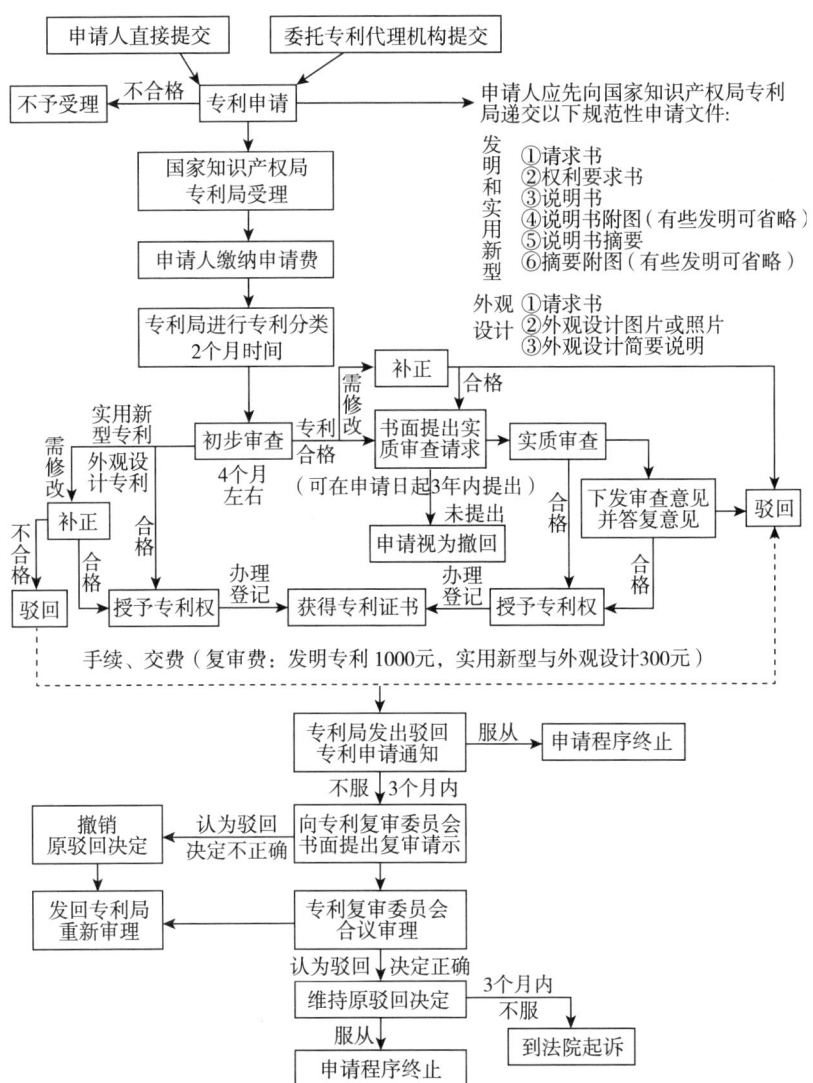

十三、专利业务办理系统操作流程图解及常见问题

2023年1月,国家知识产权局开通"专利业务办理系统",该系统集中实现专利电子申请、PCT国际申请、外观设计国际申请、专利事务服务、网上缴费等多个业务的网上办理。

新用户需要在"专利业务办理系统"实名办理用户注册手续。原专利电子申请、电子票据、专利事务服务系统的历史用户,需要重新与国家知识产权局签订用户服务协议,完成专利和集成电路布图设计统一身份认证平台的身份认证,实现用户注册信息的补录。新用户或历史用户完成了用户注册或信息补录,升级成为专利业务办理系统注册用户后,才能使用"专利业务办理系统"办理各种业务[4]。

注册用户可以使用"专利业务办理系统"客户端、网页版和移动端办理专利事务。注册用户可以通过客户端或网页版,提交发明专利申请、实用新型专利申请、外观设计专利申请、PCT国际申请、外观设计国际申请、PCT进入国家阶段申请,提交专利复审、无效宣告请求,接收专利局发出的各种通知书、决定和其他文件,办理专利法律手续及专利事务服务,缴纳专利费用等业务。

使用"专利业务办理系统"客户端,用户需要在本地电脑安装专利业务办理系统的软件,支持离线编辑和管理各类专利文件,在提交文件以及接收通知书等环节,才需要进行网络连接。使用"专利业务办理系统"网页版,不需要在本地电脑安装软件,注册用户可以在线编辑和管理专利各类文件,能够在线实时校验用户填写的信息。"专利业务办理系统"移动端,目前主要用于下载和管理注册用户的数字证书,配合客户端和网页版使用,在提交和下载各类文件时实现扫码签名功能,其他功能待下一步优化完善。因客户端与网页版的页面设置基本相同,因此对专利请求书及申请文件的编辑参见《专利业务办理系统客户端操作流

程图解及常见问题》，本节主要介绍网页版和移动端的使用流程。

新用户或历史用户完成了用户注册或信息补录，升级成为专利业务办理系统注册用户后，即可按照以下流程使用"专利业务办理系统"网页版和手机移动端。

104. "移动端"使用流程

（1）进入专利业务办理系统网站，选择"移动端"，区分安卓/苹果手机系统，使用手机扫码功能扫描二维码，在手机上下载并安装"专利业务办理"APP。也可以直接在手机应用市场上搜索"专利业务办理"APP完成安装。

网址：https://cponline.cnipa.gov.cn/

（2）打开手机中安装完成的"专利业务办理系统"移动端，选择下方"我的"，进行注册或登录，按照提示填写相关信息，下载证书，并设置证书密码（如下图步骤1-7）。登录成功后，即可使用首页"扫一扫"功能，配合专利业务办理系统"网页版"或"客户端"进行文件提交或通知书下载。

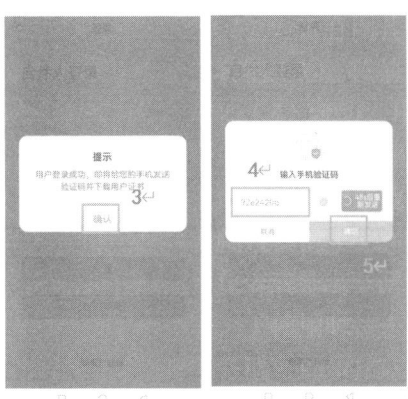
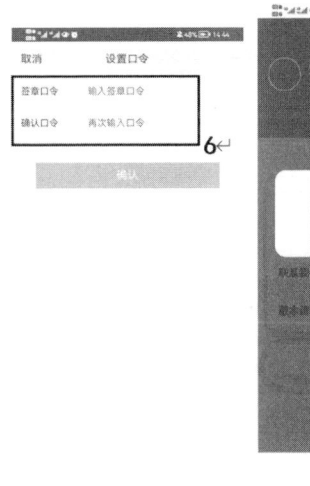

105. "网页版"使用流程

（1）进入专利业务办理系统网站，访问专利业务办理系统网页版。网址：https://cponline.cnipa.gov.cn/

（2）登录系统。

以下分别介绍自然人、法人和代理机构用户的登录方法。请法人和代理机构用户注意，不同的登录方法影响登录用户拥有不同的操作权限。

①自然人用户登录方法。自然人用户有两种登录方法。一是可以通过账号+密码的方式登录，二是使用自然人手机移动端扫描二维码方式登录网页版（见下图中步骤1-4）。两种登录方法的操作权限一样，均可以进行文件的编辑提交，并进行通知书的接收确认。

②法人或者代理机构用户登录方法。法人或者代理机构用户有两种登录方法。一是通过账号密码登录，只能编辑和查看文件，不能提交文件，也不能接收确认通知书。二是通过关联经办人用户的手机移动端扫描二维码登录网页版，可以进行文件的编辑提交，并且可以接收确认通知书。具体步骤如下。

第一，经办人首先登录手机移动端。选择登录类型为"法人"，选择"证书登录"，弹出对话框，确认以经办人本人的证书登录。登录成功后,请注意核实手机登录用户名称应当为法人名称(如下图中 1–3)。

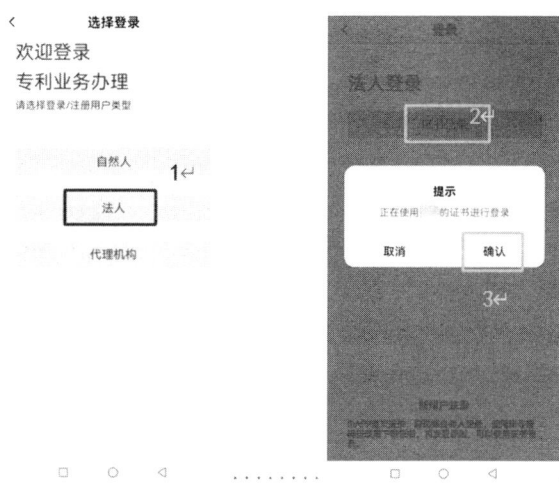

第二,然后登录网页版。打开电脑网页版,在登录界面选择"法人登录",选择二维码,使用已登录的手机移动端"扫一扫"功能,扫描登录(电脑登录界面及手机扫一扫见下图)。登录成功后,请注意核实网页版登录用户名称应当为法人名称。

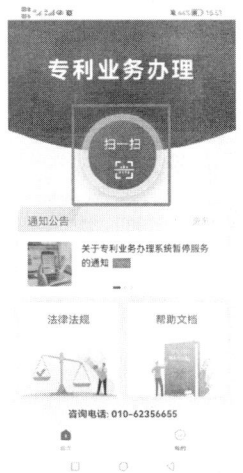

第三,登录成功后,选择"专利申请及手续办理"模块进入专利业务办理系统网页版。

第四,办理具体业务,以提交发明专利国家新申请为例。

如下图,选择"国家申请—发明专利申请—新申请办理",填写请求书和申请文件的内容。请求书和申请文件的编辑,可参考《专利业务办理系统客户端操作流程图解及常见问题》。填写完成后,"保存"并"预览",检查无误后选择"签名"。

使用"专利业务办理系统"移动端扫描电脑屏幕上出现的二维码,输入移动端证书密码,完成签名提交。

法人用户注意使用经办人手机移动端法人类型登录后的"扫一扫"功能进行扫码签名提交。

评审常见问题

提交新申请以外的其他文件,可选择相应功能模块,按照上述流程填写信息,上传有关文件,最后使用移动端扫码签名后提交。

106. "网页版"和"移动端"常见问题解答

(1)使用专利业务办理系统"网页版"办理业务,提交文件和下载通知书签名时页面显示"查询用户 ID 失败",如何处理?

答：出现这种情况主要原因是用户以法人/代理机构"账号＋密码"方式登录并进行了签名操作造成的。正确的做法应当使用经办人扫码方式登录。法人/代理机构采用"账号＋密码"方式登录，只能编辑和查看文件，不能提交和接收通知书。

法人/代理机构用户应当关联代表该法人/代理机构进行业务操作的经办人，由经办人使用其手机移动端的数字证书进行签名提交文件。关联的经办人需要满足以下规则。

①经办人必须是经过实名认证的自然人注册用户；

②一个自然人仅能被一个法人关联成经办人。法人/代理机构用户在用户注册或历史用户信息补录过程中，统一身份认证平台会自动引导法人用户关联经办人。

因此法人/代理机构用户关联的经办人，第一步首先选择"法人"或"代理机构"类型，登录手机移动端；第二步在登录电脑网页版时，使用该手机移动端扫描网页版登录界面的"法人登录"或"代理机构登录"二维码完成网页版登录；第三步在网页版下载通知书或提交文件时，使用该手机移动端完成签名。

（2）使用"专利业务办理系统"网页版能否办理在专利业务办理系统客户端提交的专利业务？

答：不能。用户通过专利业务办理系统客户端办理专利申请及相关手续的，应当使用客户端查看相关记录或者接收通知书、决定或文件，不能使用专利业务办理系统网页版查看相关办理记录或者接收通知书、决定或文件，反之亦然。

（3）如希望使用专利业务办理系统网页版办理在专利业务办理系统客户端提交的专利业务，如何操作？

答：对于通过专利业务办理系统客户端提交的文件、办理专利手续的专利申请，专利申请人或专利代理机构可以通过专利业务办理系统网页版，提出"离线转在线"请求，国家知识产权局审批通过后，用户则应当通过专利业务办理系统网页版提交该专利申请后续手续，接收相关通知、决定及其他文件。

注意：目前系统暂不支持"在线转离线"，因此，请申请人谨慎选择。

(4)用户忘记专利业务办理系统移动端的证书密码,如何找回?

答:用户可打开专利业务办理系统移动端,选择进入"我的"界面,点击"重载证书"功能,重新下载数字证书,下载新证书过程中可重设密码。

十四、专利申请案例

107. 一种流化浮选分离回收农田残膜的方法及装置

说明书摘要

本发明涉及农田残膜回收再利用技术领域,具体涉及一种流化浮选分离回收农田残膜的方法及装置。该装置包括依次设置的流化制备池、流化浮选池和残膜收集池,所述流化制备池为流化浮选池提供流化溶液,所述流化浮选池的顶部转动设置有浮选网板,浮选网板带动残膜向残膜收集池收集,残膜收集池的底部设有残膜过滤网。回收方法包括步骤1:残膜粉碎与田间杂物筛选;步骤2:流化浮选,2.1 流化溶液的制备,2.2 残膜流化浮选;步骤3:残膜冲洗与收集;步骤4:烘干处理,即得到回收残膜。本发明对回收后的农田残膜与残茬、土块等田间杂物进行流化浮选分离,再清洗干燥,得到干净可再回收利用的碎膜,达到了农田残膜干净可回收再利用的目标。

摘要附图

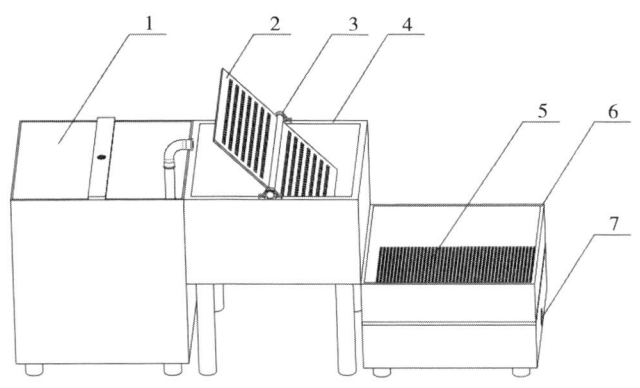

权利要求书

1. 一种流化浮选分离回收农田残膜的装置，其特征在于，包括依次设置的流化制备池（1）、流化浮选池（4）和残膜收集池（6），所述流化制备池（1）为流化浮选池（4）提供流化溶液，所述流化浮选池（4）的顶部转动设置有浮选网板（2），浮选网板（2）带动残膜向残膜收集池（6）收集，残膜收集池（6）的底部设有残膜过滤网（5）。

2. 根据权利要求1所述的一种流化浮选分离回收农田残膜的装置，其特征在于，所述流化制备池（1）的底部设置有水泵（10），与所述水泵（10）连接的水管（11）的出水口设置在流化浮选池（4）的上方。

3. 根据权利要求1所述的一种流化浮选分离回收农田残膜的装置，其特征在于，所述流化制备池（1）中还设置有搅拌浆，用以搅拌流化溶液。

4. 根据权利要求1所述的一种流化浮选分离回收农田残膜的装置，其特征在于，所述流化浮选池（4）的高度高于残膜收集池（6）的高度。

5. 利用权利要求1所述的一种流化浮选分离回收农田残膜装置回收农田残膜的方法，包括以下步骤。

步骤1：残膜粉碎与田间杂物筛选。将回收后的残膜进行粉碎，然后进行初筛以去除部分田间杂物；

步骤2：流化浮选。

2.1 流化溶液的制备：在流化制备池（1）中制备流化溶液；

2.2 残膜流化浮选：先将流化溶液增压2min，再将增压后的流化溶液接入流化浮选池（4）中，加入量为流化浮选池（4）容量的1/2，然后向流化浮选池（4）中加入待分离残膜，形成流化混合物，使流化浮选池（4）的容量达到3/4；继续向流化浮选池（4）中加入流化溶液，翻转浮选网板（2），浮选网板（2）带动表层残膜流入至残膜收集池（6），完成流化分选；

步骤3：残膜冲洗与收集：对残膜收集池（6）收集到的残膜进行冲洗、收集；

步骤4：烘干处理，先将步骤3得到的残膜取出，自然风干后热风干燥，即得到回收残膜。

6. 根据权利要求 5 所述的方法，其特征在于，步骤 1 中粉碎后残膜大小为 4～7cm²。

7. 根据权利要求 5 所述的方法，其特征在于，所述流化溶液为氯化钠溶液，由纯净水和氯化钠按照质量比 10∶1 制备而成，具体的，向制备池加入纯净水后，按照质量比加入氯化钠，以 120 r/min 匀速搅拌 20 min，制备成氯化钠溶液。

8. 根据权利要求 5 所述的方法，步骤 4 具体为：先将收集池内残膜取出，自然风干 1 h，再采取热风干燥方式，设置干燥温度为 40℃，将收集池内残膜水平 180°平铺，干燥风速 1.4 m/s，干燥时间为 30 min 后停止，即得回收残膜。

9. 根据权利要求 5 所述的方法，其特征在于，所述残膜过滤网（5）的网孔大小与残膜粉碎后的大小以及残膜回收量呈线性关系，该线性关系按公式（1）计算：

$$z_l = \frac{x_1 \times m_n}{100} - (m_n - 4)b \quad (1)$$

公式（1）中，z_l 为网孔大小，单位为 mm；x_1 为一次残膜回收量，单位为 kg；m_n 为平均残膜碎片大小，单位为 mm；b 为试验拟合系数，取值为 2.7542。

10. 根据权利要求 9 所述的方法，其特征在于，所述一次残膜回收量不大于 200 kg。

说明书

技术领域

本发明涉及农田残膜回收再利用技术领域，具体涉及一种流化浮选分离回收农田残膜的方法及装置。

背景技术

残膜污染属于农业面源污染，目前，农田残膜的污染日益严重。机械化回收是解决农田残膜污染的最主要方式。然而，残膜污染的综合治理主要集中关注于机械收膜作业、降解膜的推广应用上，对回收后残膜的资源化再利用未能提出明确的解决思路，因此，造成了回收后残膜大量堆积于田间地头，部分农户采取田间填埋、焚烧的方式，造成了严重的二次污染。回收后残膜处理难的问题进一步增大了田间残膜回收的难度与积极性，只有解决好回收后残膜的加工再利用问题，残膜才能"变废为宝"，得到真正循环利用。机械化回收后残膜由于破损严重，夹杂较多的田间土块、沙石、作物残茬等田间杂物，形成了残膜混合物，这类残膜混合物物理特性难以准确测量，再加工成塑料颗粒的成本较高，分离技术难度较大；另外残膜混合物集中燃烧发电热效率低，大量田间杂物难以细化成发电所需的颗粒燃料，回收利用价值低，因此有效分离残膜混合物，使残膜干净能加工再利用，才能彻底解决残膜二次污染问题。虽然现有技术中已有关于农田残膜分离方法的记载，例如：中国发明专利CN2015101 35802.8残膜分离清洗装置，主要是采用筛分方法进行残膜分离，但并不能将残膜与其他田间杂物分离干净。

发明内容

本发明针对农田残膜分离困难，回收后残膜中夹杂较多的田间土块、沙石、作物残茬等田间杂物，残膜与田间杂物难以分离，残膜回收再利用的问题，利用残膜与残茬的密度差异、残膜密度较轻易于浮选的原理，提供一种流化浮选分离回收农田残膜的方法及装置。

为解决上述问题，本发明采用以下技术方案。

首先，本发明提供一种流化浮选分离回收农田残膜的装置，包括依次设置的流化制备池、流化浮选池和残膜收集池，所述流化制备池为流化浮选池提供流化溶液，所述流化浮选池的顶部转动设置有浮选网板，浮选网板带动残膜向残膜收集池收集，残膜收集池的底部设有残膜过滤网。

作为优选方案，所述流化制备池的底部设置有水泵，与所述水泵连接的水管的出水口设置在流化浮选池的上方。

作为优选方案，所述流化制备池中还设置有搅拌桨，用以搅拌流化溶液。

作为优选方案，所述流化浮选池的高度高于残膜收集池的高度。

本发明还提供了利用上述的一种流化浮选分离回收农田残膜装置回收农田残膜的方法，包括以下步骤。

步骤 1：残膜粉碎与田间杂物筛选：将回收后的残膜进行粉碎，然后进行初筛以去除部分田间杂物；

步骤 2：流化浮选。

2.1 流化溶液的制备：在流化制备池（1）中制备流化溶液；

2.2 残膜流化浮选：先将流化溶液增压 2 min，再将增压后的流化溶液接入流化浮选池（4）中，加入量为流化浮选池（4）容量的 1/2，然后向流化浮选池（4）中加入待分离残膜，形成流化混合物，使流化浮选池（4）的容量达到 3/4；继续向流化浮选池（4）中加入流化溶液，翻转浮选网板（2），浮选网板（2）带动表层残膜流入至残膜收集池（6），完成流化分选；

步骤 3：残膜冲洗与收集：对残膜收集池（6）收集到的残膜进行冲洗、收集；

步骤 4：烘干处理，先将步骤 3 得到的残膜取出，自然风干后热风干燥，即得到回收残膜。

作为优选方案，步骤 1 中粉碎后残膜大小为 4～7 cm^2。

作为优选方案，所述流化溶液为氯化钠溶液，由纯净水和氯化钠按照质量比 10∶1 制备而成，具体的，向制备池加入纯净水后，按照质量比加入氯化钠，以 120 r/min 匀速搅拌 20 min，制备成氯化钠溶液。

作为优选方案，步骤 4 具体为：先将收集池内残膜取出，自然风干 1 h，再采取热风干燥方式，设置干燥温度为 40℃，将收集池内残膜水平 180°平铺，干燥风速 1.4 m/s，干燥时间为 30 min 后停止，即得回收残膜。

作为优选方案，所述残膜过滤网的网孔大小与残膜粉碎后的大小以及残膜回收量呈线性关系，该线性关系按公式（1）计算：

$$z_l = \frac{x_1 \times m_n}{100} - (m_n - 4)b \qquad (1)$$

公式（1）中，z_l 为网孔大小，单位为 mm；x_1 为一次残膜回收量，单位为 kg；m_n 为平均残膜碎片大小，单位为 mm；b 为试验拟合系数，取值为 2.7542。

作为优选方案，所述一次残膜回收量不大于 200 kg。

本发明技术方案具有以下有益效果。

1. 本发明对回收后的农田残膜与残茬、土块等田间杂物进行流化浮选分离，再清洗干燥，得到干净可再回收利用的碎膜，达到了农田残膜干净可回收再利用的目标。

2. 本发明的流化浮选分离回收农田残膜的装置，包括依次设置的流化制备池、流化浮选池和残膜收集池，流化制备池用以制备流化溶液，并向流化浮选池提供流化状态的溶液，流化浮选池通过上方转动设置的浮选网板即可向残膜收集池收集残膜。

3. 本发明将流化制备池中的流化溶液先增压 2 min，再将增压后的流化溶液接入流化浮选池中，加入量为流化浮选池 1/2 容量后停止，此时流化溶液处于流化状态，接着快速加入待分离残膜残茬至流化浮选池中，使流化浮选池容量达到 3/4，形成流化混合物，流化溶液会产生上升气流将带动混合物中密度较小的微塑料等碎片向流化浮选池表层浮动，该步骤实现了残膜的流化浮选。

附图说明

图 1 为本发明一种流化浮选分离回收农田残膜的装置的结构示意图。

图 2 为本发明一种流化浮选分离回收农田残膜的流化制备池的结构示意图。

图中，1- 流化制备池，2- 浮选网板，3- 转轴，4- 流化浮选池，5- 残膜过滤网，6- 残膜收集池，7- 出水口，8- 入水口，9- 隔板，10- 水泵，11- 水管，12- 安装孔，13- 搅拌轴，14- 搅拌叶。

具体实施方式

以下结合说明附图和具体实施例来进一步说明本发明，但实施例并不对本发明做任何形式的限定。

实施例 1

如图 1、图 2 所示，一种流化浮选分离回收农田残膜的装置，包括依次设置的流化制备池（1）、流化浮选池（4）和残膜收集池（6）。

所述流化制备池（1）为流化浮选池（4）提供流化溶液（6），流化制备池（1）的一侧设置有入水口（8）、底部设置有水泵（10），与所述水泵（10）连接的水管（11）的出水口设置在流化浮选池（4）的上方。流化制备池（1）上方固定设置有隔板（9），隔板（9）上开设有安装孔，用以安装搅拌桨，具体的，搅拌桨的搅拌轴（13）通过安装孔（12）设置，使得搅拌叶（14）位于流化制备池（1）中，用以搅拌流化溶液。搅拌桨通过搅拌电机提供动力。

所述流化浮选池（4）的顶部转动设置有浮选网板（2），浮选网板（2）为带有网孔的板状结构，具体的，流化浮选池（4）的顶部架设有转轴（3），转轴（3）上穿设有浮选网板（2），浮选网板（2）能够绕转轴（3）转动，并带动其中的残膜向残膜收集池（6）收集。

残膜收集池（6）的底部设有残膜过滤网（5），残膜收集池的高度低于流化浮选池的高度，使得浮选网板（2）可以将残膜顺利收集至残膜收集池（6）。残膜收集池（6）的两侧设有出水口（7），可将多余流化溶液排出至循环利用系统。

使用时，先在流化制备池中制备流化溶液，将流化溶液充满流化制备池（1）内部。启动水泵（10），使流化溶液进入流化浮选池（4），由于残膜与残茬等田间杂物具有不同的密度，在流化浮选池（4）的流化溶液作用下，残膜发生漂浮，残茬等田间杂物向流化溶液底部下沉，浮选网板（2）带动残膜向残膜收集池（6）收集，实现分离过程，接着通过冲洗并烘干后得到分离后的干净残膜。

实施例 2

一种流化浮选分离回收农田残膜的方法，具体的操作如下。

步骤 1，残膜粉碎与残茬等田间杂物的筛选。

将回收后的残膜在粉碎机内粉碎，粉碎刀片转速设置为 3000 r/min，粉碎时间为 8 min，粉碎后残膜大小为 4～7 cm^2，以便于进一步流化处理。接着粉碎后的残膜通过过筛网初筛，具体的，筛网孔径为 2 cm，采用离心滚筒方式以 1500 r/min 的速度旋转初筛，去除残膜中含有的大质量土块、棉秆等田间杂物，但较小杂物不能被去除。

步骤 2，流化浮选。

2.1 流化溶液的制备。

将自来水进行沉淀 1 h 处理后变为纯净水，通过入水口接入流化制备池。流化制备池中加入纯净水后，加入氯化钠（NaCl），其中纯净水与氯化钠（NaCl）的质量比为10∶1，按此比例加入氯化钠后启动搅拌桨，以120 r/min 匀速搅拌20 min，制备成氯化钠（NaCl）溶液，即为流化溶液。

2.2 残膜流化浮选。

启动流化制备池底部水泵，先使氯化钠溶液在水泵作用下增压2 min，再将增压后的氯化钠溶液接入流化浮选池中，加入量为流化浮选池1/2容量后停止水泵。此时氯化钠溶液在水压作用下处于流化状态，接着快速加入步骤1得到的待分离残膜至流化浮选池中，使流化浮选池容量达到3/4，形成流化混合物，NaCl溶液会产生上升气流带动混合物中密度较小的微塑料等碎片向表层浮动。此时，启动水泵，继续向流化浮选池中增加NaCl溶液，使上层飘浮残膜碎片持续向上层飘浮（此即为空气诱导溢流方法，AIO），再转动浮选网板，浮选网板带动表层残膜流入至残膜收集池，具体的，浮选网板的长度和宽度都小于流化浮选池，当流化浮选池内液体大于3/4时，浮选网板通过300r/min的转速，能将流化浮选池内液体中及液体表层的大部分残膜碎片带动至残膜收集池，完成流化分选。流化浮选池内液体是持续供给的，大于池容积的液体将流向收集池，进行循环。

步骤3，残膜冲洗与收集。

残膜收集池底部设置有残膜过滤网，其网孔大小设置与残膜粉碎后的大小以及残膜回收量呈线性关系，可按试验拟合公式（1）计算：

$$z_l = \frac{x_1 \times m_n}{100} - (m_n - 4)b \qquad (1)$$

公式（1）中，z_l 为网孔大小，单位为mm；x_1 为一次残膜回收量，单位为kg，一次残膜回收量不大于200kg；m_n 为平均残膜碎片大小，单位为mm；b 为试验拟合系数，取值为2.7542。

公式（1）即为网孔大小计算依据。通过网孔优化试验，测试得到最优残膜回收量、平均残膜碎片大小与网孔大小之间的关系，如表1所示，其中一次残膜回收量不大于200 kg。试验结果如下。

表 1 残膜收集池底部网孔大小分布计算试验结果

序号	残膜回收量（kg）	平均残膜碎片大小（mm）	网孔大小（mm）
1	100	5.1	2.07038
2	150	5.8	3.75
3	180	6.5	4.8145
4	200	6.7	5.96366

采用网孔大小为 3.75 mm 的残膜过滤网过滤，再用循环水管，在水管压力为 0.1 MPa 的条件下将残膜进行冲洗 10 min 后收集，等待烘干处理。

步骤 4，烘干处理。

先将收集池内残膜取出，自然风干 1 h，然后残膜水平 180° 平铺，采取热风干燥方式干燥，热风干燥的干燥温度为 40℃，干燥风速 1.4 m/s，干燥时间为 30 min，此时的残膜为可再生制成塑料的原料。

说明书附图

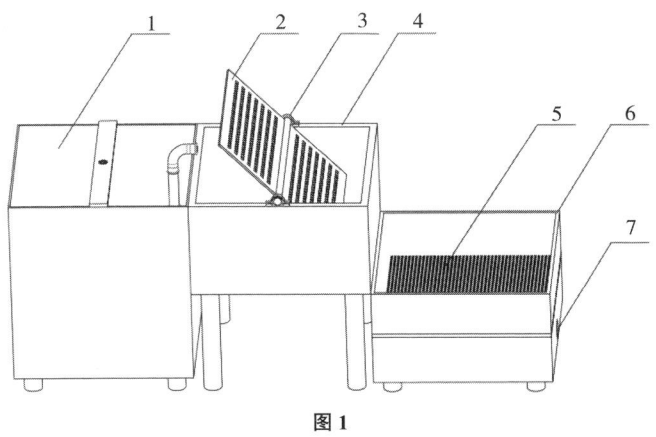

图 1

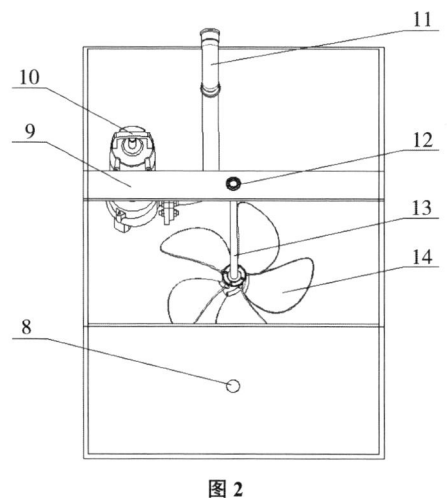

图 2

108. 一种圆盘钩齿耙式起膜装置

说明书摘要

本发明提供了一种圆盘钩齿耙式起膜装置，包括：三点悬挂、变速箱、圆盘耙齿式起膜装置、鹰钩式起膜部件、螺旋脱膜部件、液压限深装置、传动机构及机架，其中，圆盘耙齿式起膜装置由起膜轴、圆盘耙齿刀组成，圆盘耙齿相隔 130mm 依次排列在起膜轴上并且通过螺栓连接，圆盘耙齿向一侧方向顺势 40°排列，耙齿也成弯钩状；鹰钩式起膜部件分别按照圆周排列依次排列，鹰钩方向与圆盘耙齿对应方向相同，在圆盘耙齿的凸面侧和凹面侧，凸面侧距轴 8cm 处按照 4 钩 90°圆周排列、凹面侧距轴 18cm 处按照 8 钩 45°圆周排列，通过螺栓固定在圆盘耙齿起膜装置上。本发明的装置可以达到起膜、犁地、碎土的作用，其结构简单可靠，工作稳定性高。

摘要附图

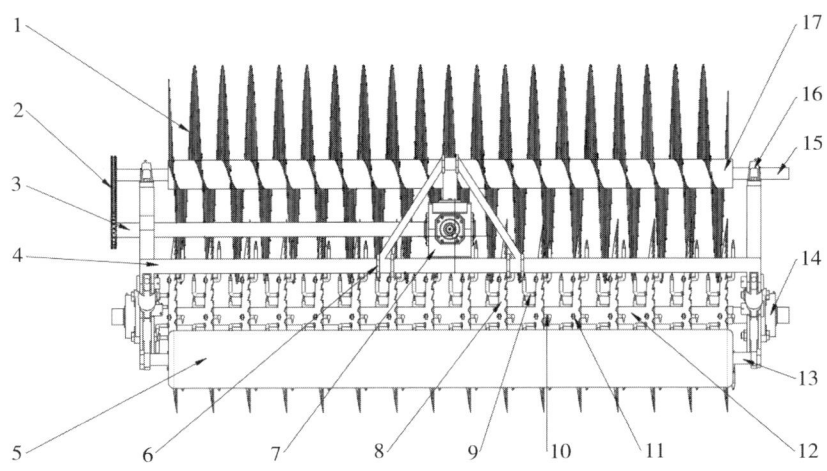

权利要求书

一种圆盘钩齿耙式起膜装置，包括：

三点悬挂、变速箱、圆盘耙齿式起膜装置、鹰钩式起膜部件、螺旋脱膜部件、液压限深装置、传动机构及机架，

其中，所述液压限深装置由限深轮、限深壁、液压缸和限深轴组成，所述限深壁与所述液压缸通过销轴连接，所述限深轴与所述限深壁通过螺栓固定，安装在所述机架前段下方；

所述变速箱通过螺栓安装在所述机架正前方中间位置；

所述三点悬挂在所述变速箱前方中间位置并且在所述机架正前方，与动力机具连接，提供牵引动力；

所述圆盘耙齿式起膜装置由起膜轴、圆盘耙齿刀组成，安装在所述液压限深装置后侧，所述机架的下方，通过轴承座连接，其中，圆盘耙齿相隔 130 mm 依次排列在起膜轴上并且通过螺栓连接，圆盘耙齿向一侧方向顺势 40° 排列，圆盘耙整体为成 160° 的凸形圆盘，耙齿也呈弯钩状，且耙齿顶端有 10 mm 钝刀刃结构；

所述鹰钩式起膜部件分别按照圆周排列依次排列，鹰钩方向与圆盘耙齿对应方向相同，在圆盘耙齿的凸面侧和凹面侧，凸面侧距轴 8 cm

处按照 4 钩 90° 圆周排列、凹面侧距轴 18 cm 处按照 8 钩 45° 圆周排列，通过螺栓固定在所述圆盘耙齿起膜装置上；

所述螺旋脱膜部件由脱膜条、脱膜轴、脱膜辊构成，所述脱膜条螺旋排列固定在所述脱膜辊上，所述脱膜轴与所述脱膜辊焊接固定，所述螺旋脱膜部件安装在圆盘耙式起模装置上并且通过轴承座方与机架配合，所述螺旋脱膜部件和所述圆盘耙式起模装置的中心轴垂直线成 10°；

所述变速箱的传动轴与所述脱膜轴通过链齿连接，以确保动力的传输。

说明书

技术领域

本发明属于机械领域，更具体地，涉及一种圆盘钩齿耙式起膜装置。

背景技术

地膜栽培技术是 20 世纪 70 年代末引入我国，地膜是一种聚乙烯产品，不仅可以提高地温、保肥、保水、调光、还能防虫、防旱。棉花是主要的覆膜作物，新疆棉花种植面积占全疆种植面积的 37.6%，占全国棉花播种面积的 69.4%。地膜覆盖技术在给农民种植带来增产增收的前提下，农田中使用过后未经回收残留在土壤中的地膜，对土壤环境产生了一定破坏，造成了残膜污染，不利于新疆农业的可持续发展。然而农田中存在的地膜中，耕层残膜占残膜总量的 70%，地膜的残留对植物根系生长会产生阻碍作业，会使土壤蓄水能力降低，含水量下降，造成农作物减产。减少残膜污染的方式就是残膜回收，残膜回收现阶段依靠人工和机械回收，目前国内残膜回收机主要以表层残膜为主，回收残膜的前提是将膜土分离，起膜装置主要为弹齿式、伸缩杆式、齿链式等，对表层残膜起膜效果好，效率高。

以上几种起膜装置及回收机都是针对表层残膜进行回收作业，对当年膜及大片膜回收效果好，对历年来经过风吹日晒，碎片化较为严重的耕层膜回收较差。

发明内容

为了解决上述问题，本发明提供了一种圆盘钩齿耙式耕层残膜起膜装置，有效地实现耕层中残膜捡拾问题，尤其适合新疆南疆地区沙质土壤环境使用。

另外，本发明的装置解决了耕层残膜起膜率低的问题，它具有优良的起膜效果，还具有液压限深装置，适用于 0～30 mm 的耕层作业，作业同时可以达到犁地、碎土的作用，其结构简单可靠，维护方便，工作稳定性高。

本发明提供了一种圆盘钩齿耙式起膜装置，包括：

三点悬挂、变速箱、圆盘耙齿式起膜装置、鹰钩式起膜部件、螺旋脱膜部件、液压限深装置、传动机构及机架，

其中，所述液压限深装置由限深轮、限深壁、液压缸和限深轴组成，所述限深壁与所述液压缸通过销轴连接，所述限深轴与所述限深壁通过螺栓固定，安装在所述机架前段下方；

所述变速箱通过螺栓安装在所述机架正前方中间位置；

所述三点悬挂在所述变速箱前方中间位置并且在所述机架正前方，与动力机具连接，提供牵引动力；

所述圆盘耙齿式起膜装置由起膜轴、圆盘耙齿刀组成，安装在所述液压限深装置后侧，所述机架的下方，通过轴承座连接，其中，圆盘耙齿相隔 130 mm 依次排列在起膜轴上并且通过螺栓连接，圆盘耙齿向一侧方向顺势 40° 排列，圆盘耙整体为成 160° 的凸形圆盘，耙齿也呈弯钩状，且耙齿顶端有 10 mm 钝刀刃结构；

所述鹰钩式起膜部件分别按照圆周排列依次排列，鹰钩方向与圆盘耙齿对应方向相同，在圆盘耙齿的凸面侧和凹面侧，凸面侧距轴 8 cm 处按照 4 钩 90° 圆周排列、凹面侧距轴 18 cm 处按照 8 钩 45° 圆周排列，通过螺栓固定在所述圆盘耙齿起膜装置上；

所述螺旋脱膜部件由脱膜条、脱膜轴、脱膜辊构成，所述脱膜条螺旋排列固定在所述脱膜辊上，所述脱膜轴与所述脱膜辊焊接固定，所述螺旋脱膜部件安装在圆盘耙式起模装置上并且通过轴承座方与机架配合，所述螺旋脱膜部件和所述圆盘耙式起模装置的中心轴垂直线成 10°；

所述变速箱的传动轴与所述脱膜轴通过链齿连接，以确保动力的传输。

本发明的起膜装置至少实现了以下优势。

（1）本发明的圆盘耙齿式起膜装置利用拖拉机后置三点悬挂装置进行牵引，拖拉机后输出轴带动起膜装置减速箱，通过链齿传动，进行起膜作业，属于牵引式自带动力起膜装置，不仅减少了机具的动力损耗，还利用牵引动力进行耕层地膜回收。

（2）圆盘耙齿式起膜装置，每个齿 40° 顺势圆周排列在设计圆盘耙上，圆盘耙整体为成 160° 的凸形圆盘，耙齿呈弯钩状，且耙齿顶端有 10 mm 钝刀刃结构，工作时切入方便，功耗小，既可以达到切土、碎土、入土翻伐的效果，还可以在工作时起到挂膜、挑膜的作用。圆盘耙齿起膜刀依次排列在起膜轴上，通过螺栓固定，安装方便，维修简单，便于替换。

（3）前期进行了仿真与试验台模拟试验，建立凸面与凹面侧鹰钩起膜钩排列数学关系如下。

设凸面侧鹰钩数量为 x_1，凹面侧鹰钩起膜钩排列数量为 y_1，凹凸面侧距轴与鹰钩距离分别为 a、b，则有

$$a \times x_1 = (b \times y_1) \times \frac{1}{(k_1 + k_2)} \tag{1}$$

其中，k_1 为侧鹰钩起膜钩比例系数，k_2 为凹凸面侧轴距系数。经试验测试结果，当 k_1=2，k_2=2.5 时，残膜回收起膜效果最佳。据此，设计凸面侧距轴 8 cm 处按照 4 钩 90° 圆周排列、凹面侧距轴 18 cm 处按照 8 钩 45° 圆周排列。即鹰钩式起膜部件，分别排列在圆盘耙齿式起膜装置的凸面侧和凹面侧，凸面侧距轴 8 cm 处按照 4 钩 90° 圆周排列、凹面侧距轴 18 cm 处按照 8 钩 45° 圆周排列，凸面侧的鹰钩起膜钩可以钩起中耕至耕层残膜，凹面侧鹰钩起膜钩可以钩起表层及次表层残膜。

（4）与其他起膜装置相比，本装置的圆盘耙齿可以起到一次起膜的效果，鹰钩式起膜部件可以达到二次起膜，且针对耕深不同，一个装置两种起膜方式，可以兼顾不同耕深，因此起膜效果好。

（5）与其他起膜装置相比，本起膜装置在起膜的同时可以达到犁地翻伐效果，大大降低了整地成本，一个装置两种用途，减少了农机具二次进地，降低了动力损耗。

（6）本圆盘耙齿式起膜装置采用的脱膜装置是螺旋式排列，减少刷膜条的同时可以实现有效刷膜，降低制造成本和维护成本。

本圆盘耙齿式起膜配合液压限深装置进行使用，与其他限深装置相比，本装置采用液压机械控制，通过控制限深轮的高度可以有效控制圆盘耙齿的入土深度。相比固定限深轮有可调节的便利及优势。

附图说明

图1a示出了本发明的圆盘钩齿耙式耕层残膜起膜装置的正视图。

图1b示出了本发明的圆盘钩齿耙式耕层残膜起膜装置的侧视图。

图2示出了本发明的圆盘钩齿耙式耕层残膜起膜装置的立体图。

图3示出了本发明的圆盘耙齿起膜组件的示意图。

图4示出了本发明的脱膜部件的示意图。

图5示出了本发明的圆盘耙齿起膜刀的详细视图。

图6示出了本发明的耕层鹰钩式起膜钩的详细视图。

标号对应关系如下。

1脱膜条；2链条；3传动轴；4机架；5限深轮；6三点悬挂；7变速箱；8圆盘耙齿起膜刀；9耕层鹰钩式起膜钩；10次表层鹰钩式起膜装置；11起膜钩螺母；12起膜轴；13限深轴；14起膜轴承座；15脱膜轴；16脱膜轴轴承座；17脱膜辊；18齿轮；19限深壁；20液压缸；21销轴

具体实施方式

下面的实施例可以使本领域技术人员更全面地理解本发明，但不以任何方式限制本发明。

本发明提供了一种耕层残膜回收起膜装置，包括三点悬挂（6）、变速箱（7）、圆盘耙齿式起膜装置、鹰钩式起膜部件、螺旋脱膜部件、液压限深装置、传动机构及机架（4）。液压限深装置由限深轮（5）、限深壁（19）、液压缸（20）及限深轴（13）组成，限深壁（19）与液压缸（20）通过销轴（21）连接，限深轴（13）与限深壁（19）通过螺栓固定，安装在机架（4）前段下方；变速箱（7）通过螺栓安装在机架（4）正前方中间位置，提供动力转换；三点悬挂（6）在变速箱（7）前方中间位置与机架（4）正前方，与动力机具连接，提供牵引动力；圆盘耙齿式起膜装置由起膜轴（12）、圆盘耙齿起膜刀（8）组成，安装在液压限深装置后侧，机架（4）的下方，通过轴承座（14）连接，其中圆盘耙齿相隔 130 mm 依次排列在起膜轴（12）上并且通过螺栓连接，圆盘耙齿向一侧方向顺势 40° 排列，耙齿也成弯钩状，鹰钩式起膜部件分别按照圆周排列依次排列，鹰钩方向与圆盘耙齿对应方向相同，在圆盘耙齿的凸面侧和凹面侧，凸面侧距轴 8 cm 处按照 4 钩 90° 圆周排列、凹面侧距轴 18 cm 处按照 8 钩 45° 圆周排列，通过螺栓固定在圆盘起膜耙装置上，螺旋脱膜部件由脱膜条（1）、脱膜轴（15）、脱膜辊（17）构成，脱膜条（1）螺旋排列固定在脱膜辊（17）上，脱膜轴（15）与脱膜辊（17）焊接固定，脱膜装置安装在圆盘耙式起膜装置上通过轴承座（14）与机架（4）配合，两个装置中心轴垂直线成 10°；变速箱传动轴与螺旋脱膜轴（15）通过链齿连接，确保动力的传输。

如图 1 所示，动力机具连接变速箱（7）提供原始动力，变速箱（7）通过传动轴（3）进行传动，传动轴（3）与螺旋起膜轴（12）通过链齿连接，将动力传至螺旋起膜装置带动起膜装置的旋转，机具通过三点悬挂（6）进行牵引，其圆盘耙齿式起膜装置通过机具的牵引进行与前进方向相同的自走，其中圆盘起膜轴（12）与轴承座（14）连接圆盘起膜装置入土后通过牵引旋转，通过齿尖将耕层残挑出，连接在圆盘起膜两侧上的鹰钩式起膜部件在圆盘起膜装置旋转的同时，通过鹰钩将不同耕深的残膜挑出，上方的螺旋脱膜装置与圆盘起膜装置的旋转方向相同，进行脱膜作业，螺旋脱膜装置将膜刷至后方的运输装置上，圆盘起膜装置前侧的限深装置通过液压缸（20）连接，控制限深轮（5）的高度从而控制圆盘起膜装置的入土深度。牵引装置的前进速度决定圆盘耙齿式起膜装置的起膜速度。通过阿拉尔十团八连的田间试验得出圆盘耙齿式起膜装置，每个齿 40°，且成 160° 的凸形圆盘；鹰钩式起膜部件，凸面侧距轴 8 cm 处按照 4 钩 90° 圆周排列、凹面侧距轴 18 cm 处按照 8 钩 45° 圆周排列时，起膜效果最好。

本领域技术人员应理解，以上实施例仅是示例性实施例，在不背离本申请的精神和范围的情况下，可以进行多种变化、替换以及改变。

说明书附图

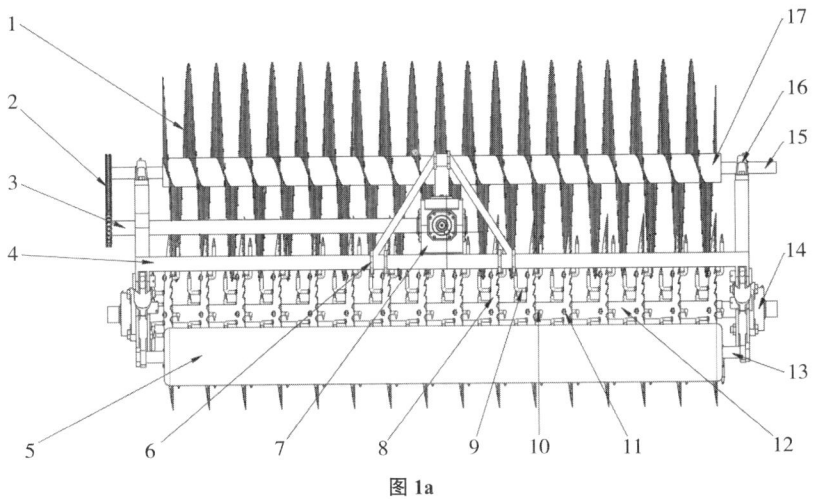

图 1a

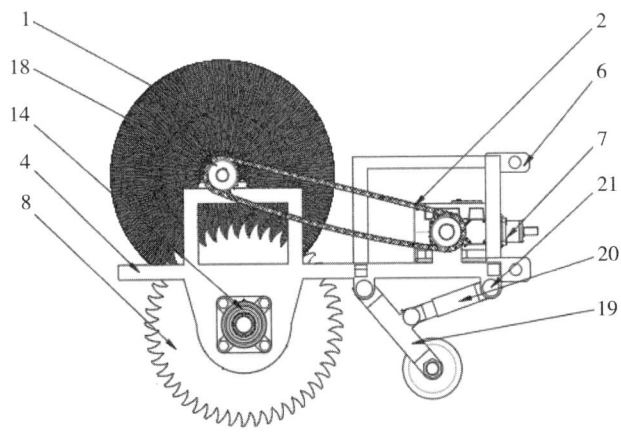

图 1b

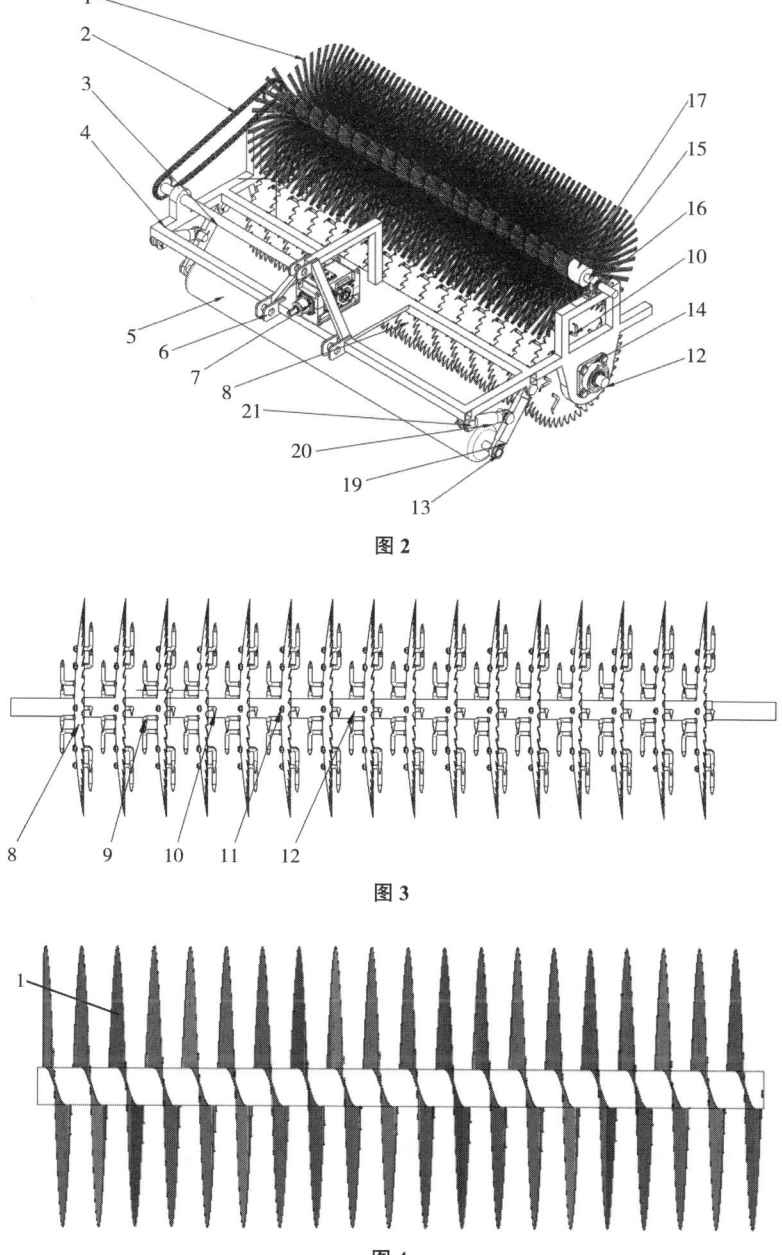

图 2

图 3

图 4

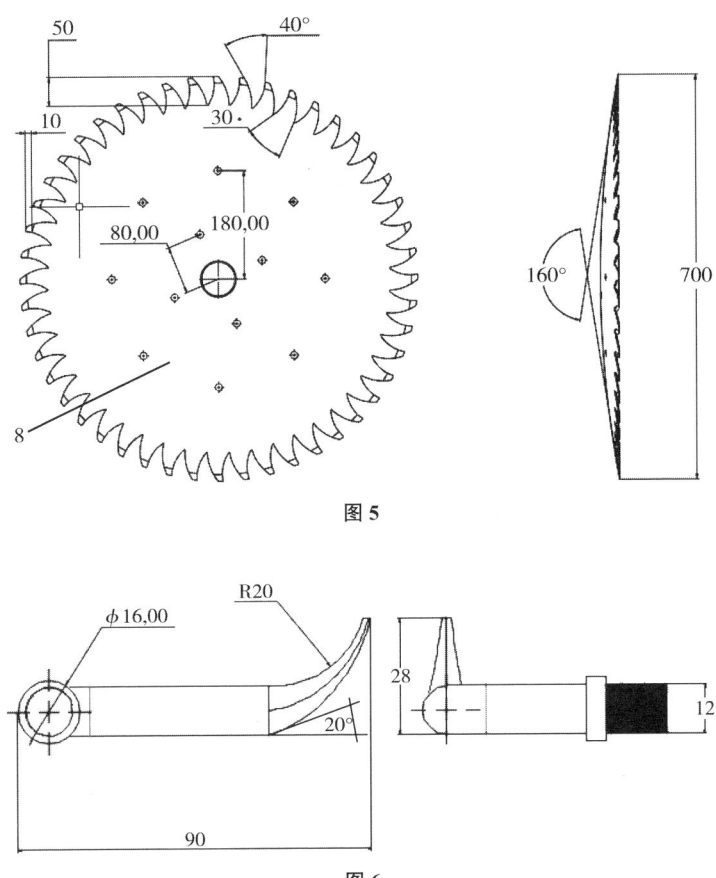

图 5

图 6

109. 一种土壤微塑料分离与提取的装置及方法

说明书摘要

本发明公开了一种土壤微塑料分离与提取的装置及方法,其中装置包括流化液形成池、微型水泵、初选瓶、浮选瓶、离心管和多个筛网;微型水泵设置在流化液形成池内部;浮选瓶设置在初选瓶的内部;微型水泵的出口通过管道与浮选瓶内部连通;离心管一端延伸至浮选瓶内部,离心管另一端为离心处理出口;多个筛网从上到下依次设置在离心管内部。本发明能够更高效率地从土壤中分离并提取获得干净的微塑料,更加有效地解决了土壤或者沉积物不易降沉,造成提取到的微塑料中仍含有大量的细小土壤颗粒的问题;利用离心管对混合物进行二次离心分离,并通过离心管内多级分布的筛网作用下,进行分级收集,更好地筛分微塑料。

摘要附图

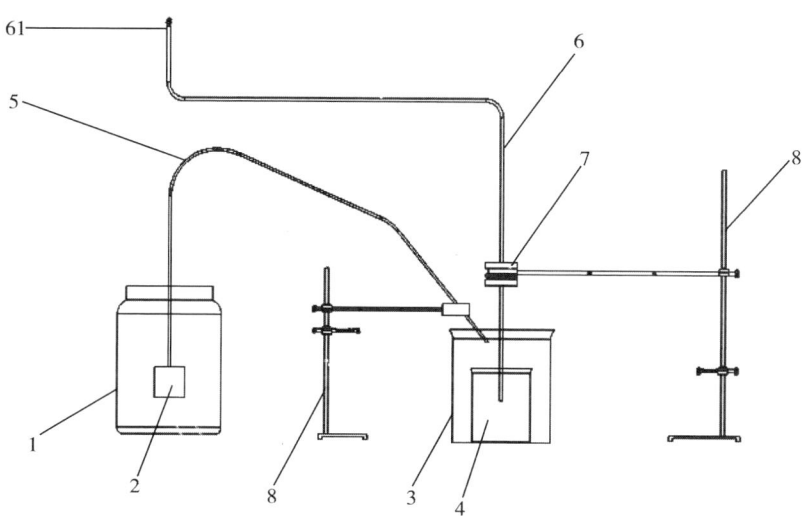

权利要求书

1. 一种土壤微塑料分离与提取的装置,其特征包括:

流化液形成装置,所述流化液形成装置包括流化液形成池和微型水泵;所述微型水泵设置在所述流化液形成池内部;

流化浮选装置,所述流化浮选装置包括初选瓶和浮选瓶;所述浮选瓶设置在所述初选瓶的内部;所述微型水泵的出口通过管道与所述浮选瓶内部连通;

筛分过滤装置,所述筛分过滤装置包括离心管和多个筛网;所述离心管一端延伸至所述浮选瓶内部,所述离心管另一端为离心处理出口;多个所述筛网从上到下依次设置在所述离心管内部。

2. 根据权利要求1所述的一种土壤微塑料分离与提取的装置,还包括两个实验台架,两个所述实验台架分别支撑所述管道和所述离心管。

3. 一种利用土壤微塑料分离与提取的装置而进行的分离提取土壤微塑料的方法,包括以下步骤。

步骤1:流化浮选液的制备:首先用电子天平分别称取氯化钠300 g和氯化锌100 g,在1 500 mL的烧杯中加入800 mL蒸馏水,再将360 g按8:2的比例混合的氯化钠和氯化锌加入烧杯中,并用磁力搅拌器以100~150 r/min的速度不断搅拌30 min使其溶解,将烧杯中的溶液用玻璃棒引流转移到流化液形成池中,用200 mL蒸馏水洗涤烧杯的内壁2次,并用玻璃棒引流将洗涤后的溶液一起转移到流化液形成池中;

步骤2:土壤的预处理:将采集到的土壤样品放置在20~30℃的烘干箱中,采用5 mm的标准筛过滤小石子、植物根系杂质,称取每份土壤样品100 g,所得土壤样品的粒径小于5 mm;

步骤3:流化浮选:将200 mL流化浮选溶液通过微型水泵加入至浮选瓶中,向浮选瓶中加入100 g土壤样品,此时启动微型水泵,继续向浮选瓶中加入流化浮选溶液,并以100~150 r/min的速度反复搅拌30 min,使上层漂浮颗粒和溶液一起流入初选瓶中;

步骤4:筛选样品:采用10~20 μm的标准筛过滤,再用蒸馏水将过滤后的标准筛中样品冲洗至初选瓶中;

步骤5:离心浮选:对流化浮选出的混合物进行离心分离,选取与样品质量相符合的离心管,加入适当的流化浮选溶液,使样品和溶液总体积量位于离心管3/4位置;摇晃均匀后放入高速冷冻离心机中,设置离心转速为2500~3000 r/min,离心一定时间后,再次分离并二次浮选离心管上层漂浮物,用蒸馏水冲洗合并上层的漂浮物;

步骤6:微塑料后处理:采用混合纤维素微孔滤膜过滤,形成最终微塑料样品,放置培养皿内,待自然风干后,进行立体显微镜观测,初步统计样品丰度、颜色、形状、大小,并排除非塑料颗粒。

说明书

技术领域

本发明涉及农田土壤微塑料污染分离提取技术领域,更具体地说是涉及一种土壤微塑料分离与提取的装置及方法。

背景技术

塑料制品依据自身质量优良、适用性广、耐用时间长的特点已普遍应用在日常生活中多个领域。正是由于其使用的广泛性，致使世界塑料产量快速增长。然而，塑料制品为人类的生活带来便利的同时，也因为其在环境中极其不易降解的特性，逐渐裂解分化形成更加难以处理的微塑料污染。微塑料是指粒径尺寸 < 5 mm 的塑料颗粒，是全球生态环境中不断增加的一种新兴污染物。目前，水体中微塑料的严重污染与危害已引起了全球广泛的重视，国内外关于微塑料污染的研究也主要集中于海洋环境，而土壤生态系统环境中微塑料污染的相关研究比较少。然而，微塑料会影响土壤中的透气性和滴灌水的运输，造成土壤质量的下降，影响作物从土壤中汲取有机肥和水分，对作物生长造成不利影响。

目前，已经有学者研究从土壤中分离微塑料，多是采用密度高于微塑料的提取液浸泡土壤或者沉积物样品，并充分搅拌后静置沉降后收集上清液，然后进行过滤提取微塑料。然而，这种方法不仅耗费大量时长，还因为土壤或者沉积物不易降沉，往往会造成提取到的微塑料中仍含有大量的细小土壤颗粒。

因此，提供一种快速高效的土壤微塑料分离与提取的装置及方法是本领域技术人员亟须解决的问题。

发明内容

鉴于此，本发明提供了一种土壤微塑料分离与提取的装置及方法，能够更高效率地从土壤中分离并提取获得干净的微塑料。

为了实现上述目的，本发明采用如下技术方案。

一种土壤微塑料分离与提取的装置，包括：

流化液形成装置，所述流化液形成装置包括流化液形成池和微型水泵；所述微型水泵设置在所述流化液形成池内部；

流化浮选装置，所述流化浮选装置包括初选瓶和浮选瓶；所述浮选瓶设置在所述初选瓶的内部；所述微型水泵的出口通过管道与所述浮选瓶内部连通；

筛分过滤装置，所述筛分过滤装置包括离心管和多个筛网；所述离心管一端延伸至所述浮选瓶内部，所述离心管另一端为离心处理出口；多个所述筛网从上到下依次设置在所述离心管内部。

通过采取以上方案，本发明的有益效果如下。

①流化浮选装置包括由内至外两层分布的浮选瓶和初选瓶，更加有效地解决了土壤或者沉积物不易降沉，造成提取到的微塑料中仍含有大量的细小土壤颗粒的问题。

②利用离心管对混合物进行二次离心分离，并通过离心管内多级分布的筛网作用下，进行分级收集，更好地筛分微塑料。

进一步地，还包括两个实验台架，两个所述实验台架分别支撑所述管道和所述离心管。

采用上述进一步的技术方案产生的有益效果为增加结构稳固性。

一种利用土壤微塑料分离与提取的装置而进行的分离提取土壤微塑料的方法，包括以下步骤。

步骤 1：流化浮选液的制备。首先用电子天平分别称取氯化钠 300 g 和氯化锌 100 g，在 1500 mL 的烧杯中加入 800 mL 蒸馏水，再将 360 g 按 8:2 的比例混合的氯化钠和氯化锌加入烧杯中，并用磁力搅拌器以 100～150 r/min 的速度不断搅拌 30 min 使其溶解，将烧杯中的溶液用玻璃棒引流转移到流化液形成池中，用 200 mL 蒸馏水洗涤烧杯的内壁 2 次，并用玻璃棒引流将洗涤后的溶液一起转移到流化液形成池中；

步骤 2：土壤的预处理。将采集到的土壤样品放置在 20～30℃的烘干箱中，采用 5 mm 的标准筛过滤小石子、植物根系杂质，称取每份土壤样品 100 g，所得土壤样品的粒径小于 5 mm；

步骤 3：流化浮选。将 200 mL 流化浮选溶液通过微型水泵加入至浮选瓶中，向浮选瓶中加入 100 g 土壤样品，此时启动微型水泵，继续向浮选瓶中加入流化浮选溶液，并以 100～150 r/min 的速度反复搅拌 30 min，使上层漂浮颗粒和溶液一起流入初选瓶中；

步骤 4：筛选样品。采用 10～20 μm 的标准筛过滤，再用蒸馏水将过滤后的标准筛中样品冲洗至初选瓶中；

步骤5：离心浮选。对流化浮选出的混合物进行离心分离，选取与样品质量相符合的离心管，加入适当的流化浮选溶液，使样品和溶液总体积量位于离心管3/4位置；摇晃均匀后放入高速冷冻离心机中，设置离心转速约为2500～3000 r/min，离心一定时间后，再次分离并二次浮选离心管上层漂浮物，用蒸馏水冲洗合并上层的漂浮物；

步骤6：微塑料后处理：采用混合纤维素微孔滤膜过滤，形成最终微塑料样品，放置培养皿内，待自然风干后，进行立体显微镜观测，初步统计样品丰度、颜色、形状、大小，并排除非塑料颗粒。

通过采取以上方案，本发明的有益效果如下。

简单易操作，能够更高效率地从土壤中分离并提取获得干净的微塑料，并且实验操作可控性强，能够进行条件控制，能节省大量时间。

附图说明

为了更清楚地说明本发明实施例或现有技术中的技术方案，下面将对实施例或现有技术描述中所需要使用的附图作简单的介绍，显而易见地，下面描述中的附图仅仅是本发明的实施例，对于本领域普通技术人员来讲，在不付出创造性劳动的前提下，还可以根据提供的附图获得其他的附图。

图1附图为本发明提供的一种土壤微塑料分离与提取的装置的结构示意图。

具体实施方式

下面将结合本发明实施例中的附图，对本发明实施例中的技术方案进行清楚、完整的描述，显然，所描述的实施例仅仅是本发明一部分实施例，而不是全部的实施例。基于本发明中的实施例，本领域普通技术人员在没有做出创造性劳动前提下所获得的所有其他实施例，都属于本发明保护的范围。

如图1所示，本发明实施例公开了一种土壤微塑料分离与提取的装置，包括：

流化液形成装置，流化液形成装置包括流化液形成池（1）和微型水泵（2）；微型水泵（2）设置在流化液形成池（1）内部；

流化浮选装置，流化浮选装置包括初选瓶（3）和浮选瓶（4）；浮选瓶（4）设置在初选瓶（3）的内部；微型水泵（2）的出口通过管道（5）与浮选瓶（4）内部连通；

筛分过滤装置，筛分过滤装置包括离心管（6）和多个筛网（7）；离心管（6）一端延伸至浮选瓶（4）内部，离心管（6）另一端为离心处理出口（61）；多个筛网（7）从上到下依次设置在离心管（6）内部。

本发明流化浮选装置包括由内至外两层分布的浮选瓶（4）和初选瓶（3），更加有效地解决了土壤或者沉积物不易降沉，造成提取到的微塑料中仍含有大量的细小土壤颗粒的问题；利用离心管（6）对混合物进行二次离心分离，并通过离心管（6）内多级分布的筛网（7）作用下，进行分级收集，更好地筛分微塑料。

具体地，还包括两个实验台架（8），两个实验台架（8）分别支撑管道（5）和离心管（6）。

本发明实施例还公开了一种利用土壤微塑料分离与提取的装置而进行的分离提取土壤微塑料的方法，包括以下步骤。

步骤1：流化浮选液的制备。首先用电子天平分别称取氯化钠300 g和氯化锌100 g，在1 500 mL的烧杯中加入800 mL蒸馏水，再将360 g按8∶2的比例混合的氯化钠和氯化锌加入烧杯中，并用磁力搅拌器以100～150 r/min的速度不断搅拌30min使其溶解，将烧杯中的溶液用玻璃棒引流转移到流化液形成池（1）中，用200 mL蒸馏水洗涤烧杯的内壁2次，并用玻璃棒引流将洗涤后的溶液一起转移到流化液形成池（1）中；

步骤2：土壤的预处理。将采集到的土壤样品放置在20～30℃的烘干箱中，采用5 mm的标准筛过滤小石子、植物根系杂质，称取每份土壤样品100 g，所得土壤样品的粒径小于5 mm；

步骤3：流化浮选。将200 mL流化浮选溶液通过微型水泵（2）加入至浮选瓶（4）中，向浮选瓶（4）中加入100 g土壤样品，由于微塑料与土壤和其他杂物的密度存在差异，在氯化钠溶液的持续流化作用下，会产生上升气流带动混合物中的微塑料向流化液表层发生漂浮，土壤颗粒和其中的杂物则沉降至浮选瓶（4）的底部，此时再次启动微型水泵（2），继续向浮选瓶（4）中加入流化浮选溶液，并以 100～150 r/min 的速度反复搅拌 30 min，使上层漂浮颗粒和溶液一起流入初选瓶（3）中，实现流化浮选分离过程；

步骤 4：筛选样品。采用 10～20 μm 的标准筛过滤，再用蒸馏水将过滤后的标准筛中样品冲洗至初选瓶（3）中；

步骤 5：离心浮选。对流化浮选出的混合物进行离心分离，选取与样品质量相符合的离心管（6），加入适当的流化浮选溶液，使样品和溶液总体积量位于离心管 3/4 位置；摇晃均匀后放入高速冷冻离心机中，设置离心转速为 2 500～3 000 r/min，离心一定时间后，再次分离并二次浮选离心管（6）上层漂浮物，用蒸馏水冲洗合并上层的漂浮物；

步骤 6：微塑料后处理：采用混合纤维素微孔滤膜过滤（滤孔选取 0.2～0.3 μm），形成最终微塑料样品，放置培养皿内，待自然风干后，进行立体显微镜观测，初步统计样品丰度、颜色、形状、大小，并排除非塑料颗粒。

本发明简单易操作，能够更高效率地从土壤中分离并提取获得干净的微塑料，并且实验操作可控性强，能够进行条件控制，能节省大量时间。

本说明书中各个实施例采用递进的方式描述，每个实施例重点说明的都是与其他实施例的不同之处，各个实施例之间相同、相似部分互相参见即可。对于实施例公开的装置而言，由于其与实施例公开的方法相对应，所以描述得比较简单，相关之处参见方法部分说明即可。

对所公开的实施例的上述说明，使本领域专业技术人员能够实现或使用本发明。对这些实施例的多种修改对本领域的专业技术人员来说将是显而易见的，本文中所定义的一般原理可以在不脱离本发明的精神或范围的情况下，在其他实施例中实现。因此，本发明将不会被限制于本文所示的这些实施例，而是要符合与本文所公开的原理和新颖特点相一致的最宽的范围。

说明书附图

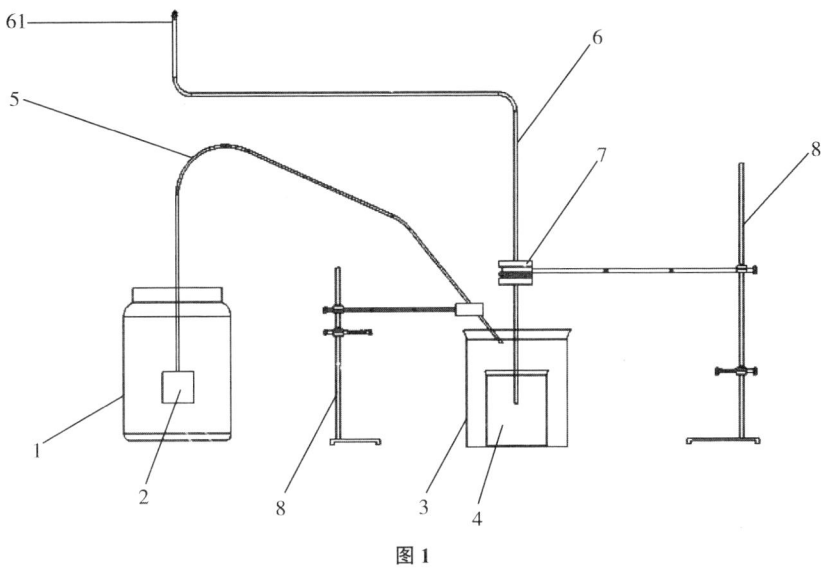

图1

110. 一种仿生型机械式穴播器鸭嘴

说明书摘要

本发明公开了一种仿生型机械式穴播器鸭嘴，包括定嘴架、定嘴、动嘴以及弹簧，其中，所述定嘴架的下方固定有所述定嘴，所述定嘴的底部采用铰接轴铰接有所述动嘴，所述动嘴上固定有弹簧架，所述定嘴架上还固定有凸起，所述凸起与弹簧架之间固定有所述弹簧，所述定嘴为仿生型结构；所述定嘴架中设置有第一磁铁，所述弹簧架中设置有第二磁铁，在所述动嘴挤压弹簧并偏转一定角度后，所述第一磁铁与第二磁铁之间能够相互吸引。

摘要附图

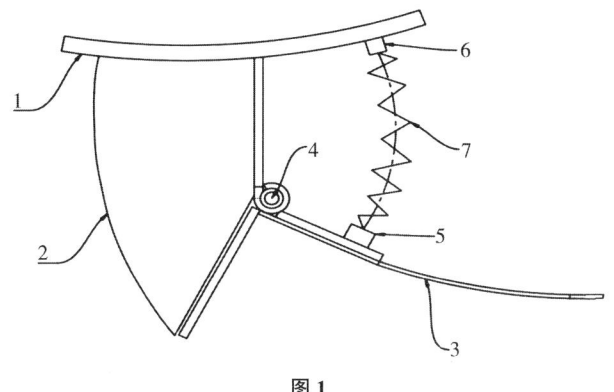

图 1

权利要求书

1. 一种仿生型机械式穴播器鸭嘴,包括定嘴架(1)、定嘴(2)、动嘴(3)以及弹簧(7),其中,所述定嘴架(1)的下方固定有所述定嘴(2),所述定嘴(2)的底部采用铰接轴(4)铰接有所述动嘴(3),所述动嘴(3)上固定有弹簧架(5),所述定嘴架(1)上还固定有凸起(6),所述凸起(6)与弹簧架(5)之间固定有所述弹簧(7),其特征在于:所述定嘴(2)为仿生型结构;所述定嘴架(1)中设置有第一磁铁(10),所述弹簧架(5)中设置有第二磁铁,在所述动嘴(3)挤压弹簧并偏转一定角度后,所述第一磁铁(10)与第二磁铁之间能够相互吸引。

2. 根据权利要求1所述的一种仿生型机械式穴播器鸭嘴,其特征在于:所述定嘴(2)的外轮廓以东方蝼蛄最外侧的爪趾外轮廓拟合曲线为仿生原型。

3. 根据权利要求2所述的一种仿生型机械式穴播器鸭嘴,其特征在于:所述东方蝼蛄最外侧的爪趾外轮廓拟合曲线以东方蝼蛄最外侧的爪趾外轮廓曲线为基础,并将东方蝼蛄最外侧的爪趾外轮廓曲线的X与Y二维坐标数据导入Matlab软件曲线拟合工具箱中,对数据点进行多项式拟合,选择三阶多项式模型进行拟合。

4. 根据权利要求 3 所述的一种仿生型机械式穴播器鸭嘴，其特征在于：所述东方蝼蛄最外侧的爪趾外轮廓曲线为：基于 Matlab 图像处理技术对东方蝼蛄最外侧的爪趾结构进行外形轮廓采样与处理，其中，先将最外侧的爪趾图像进行灰度处理，然后进行二值化处理，再提取二值化图像的轮廓，得到轮廓点数据，最后根据轮廓点数据绘制东方蝼蛄最外侧的爪趾外轮廓拟合曲线的 X 与 Y 二维坐标数据。

5. 根据权利要求 1 所述的一种仿生型机械式穴播器鸭嘴，其特征在于：当所述动嘴（3）闭合于定嘴（2）上时，所述第一磁铁的表面与第二磁铁的表面存在第一夹角，当所述弹簧（7）被压缩时，所述第一磁铁的表面与第二磁铁的表面存在第二夹角，所述第二夹角小于第一夹角，所述第二夹角趋近于零。

6. 根据权利要求 1 所述的一种仿生型机械式穴播器鸭嘴，其特征在于：所述定嘴架（1）中开设有滑槽（9）用于容置所述第一磁铁（10），所述第一磁铁（10）的左右两侧均固定有十字型垫体，所述十字型垫体与滑槽（9）的侧壁相连；所述定嘴架（1）固定于穴播器主块（8）上，所述穴播器主块（8）上采用扭簧连接有窝眼（11），所述窝眼（11）由拐臂（12）所驱动进行偏转，所述拐臂（12）在转动过程中能够振荡所述穴播器主块（1）从而振荡所述十字型垫体。

7. 根据权利要求 6 所述的一种仿生型机械式穴播器鸭嘴，其特征在于：所述定嘴（2）中固定有导料座，所述导料座的中部开设有孔体用于与弹性筒（13）相连，所述弹性筒（13）的另一端连接至所述动嘴（3）上，且所述弹性筒（13）的底部一侧开设有排料孔（14）。

技术领域

本发明涉及穴播器鸭嘴技术领域，具体是一种仿生型机械式穴播器鸭嘴。

背景技术

所谓穴播器鸭嘴实际包括定嘴架、定嘴、动嘴以及弹簧，其中，定嘴架的下方固定有定嘴，定嘴的底部铰接动嘴，而动嘴上固定有弹簧架，定嘴架上还固定有凸起，凸起与弹簧架之间固定有弹簧，目前现有的定嘴结构其破土能力一般，因此在破土时较为耗能，另外，在配置弹簧过程中需要考虑弹簧的弹性,当弹性过大时,会导致在运行过程中需要较大的转动驱动力才能够实现对于弹簧的驱动,而当弹性过小时,则会使得在运行过程中动嘴容易脱离定嘴,使得定嘴中的种子容易提前脱落;而在弹性适中的情况下,还可能存在由于土壤因素导致动嘴与定嘴的配合并不太好的情况。

因此,有必要提供一种仿生型机械式穴播器鸭嘴,以解决上述背景技术中提出的问题。

发明内容

为实现上述目的,本发明提供如下技术方案:一种仿生型机械式穴播器鸭嘴,包括定嘴架、定嘴、动嘴以及弹簧,其中,所述定嘴架的下方固定有所述定嘴,所述定嘴的底部采用铰接轴铰接有所述动嘴,所述动嘴上固定有弹簧架,所述定嘴架上还固定有凸起,所述凸起与弹簧架之间固定有所述弹簧,所述定嘴为仿生型结构;所述定嘴架中设置有第一磁铁,所述弹簧架中设置有第二磁铁,在所述动嘴挤压弹簧并偏转一定角度后,所述第一磁铁与第二磁铁之间能够相互吸引。进一步,作为优选,所述定嘴的外轮廓以东方蝼蛄最外侧的爪趾外轮廓拟合曲线为仿生原型。进一步,作为优选,所述东方蝼蛄最外侧的爪趾外轮廓拟合曲线以东方蝼蛄最外侧的爪趾外轮廓曲线为基础,并将东方蝼蛄最外侧的爪趾外轮廓曲线的 X 与 Y 二维坐标数据导入 Matlab 软件曲线拟合工具箱中,对数据点进行多项式拟合,选择三阶多项式模型进行拟合。进一步,作为优选,所述东方蝼蛄最外侧的爪趾外轮廓曲线为:基于 Matlab 图像处理技术对东方蝼蛄最外侧的爪趾结构进行外形轮廓采样与处理,其中,先将最外侧的爪趾图像进行灰度处理,然后进行二值化处理,再提取二值化图像的轮廓,得到轮廓点数据,最后根据轮廓点数据绘制东方蝼蛄最外侧的爪趾外轮廓拟合曲线的 X 与 Y 二维坐标数据。

进一步,作为优选,当所述动嘴闭合于定嘴上时,所述第一磁铁的表面与第二磁铁的表面存在第一夹角,当所述弹簧被压缩时,所述第一磁铁的表面与第二磁铁的表面存在第二夹角,所述第二夹角小于第一夹角,所述第二夹角趋近于零。进一步,作为优选,所述定嘴架中开设有滑槽用于容置所述第一磁铁,所述第一磁铁的左右两侧均固定有十字型垫体,所述十字型垫体与滑槽的侧壁相连;所述定嘴架固定于穴播器主块上,所述穴播器主块上采用扭簧连接有窝眼,所述窝眼由拐臂所驱动进行偏转,所述拐臂在转动过程中能够振荡所述穴播器主块从而振荡所述十字型垫体。进一步,作为优选,所述定嘴中固定有导料座,所述导料座的中部开设有孔体用于与弹性筒相连,所述弹性筒的另一端连接至所述动嘴上,且所述弹性筒的底部一侧开设有排料孔。

与现有技术相比,本发明提供了一种仿生型机械式穴播器鸭嘴,具备以下有益效果:本发明实施例中,定嘴架中设置有第一磁铁,弹簧架中设置有第二磁铁,在动嘴挤压弹簧并偏转一定角度后,第一磁铁与第二磁铁之间能够相互吸引,利用第一磁铁和第二磁铁能够实现对于弹簧的辅助驱动,使得弹簧仅被压缩一段距离即可由第一磁铁和第二磁铁进行驱动接力,保证动嘴能够张开足够宽度,便于种子下落,以便适应松软土壤,在第一磁铁与第二磁铁相互作用之后,通过振荡十字型垫体能够使得第一磁铁进行无规则晃动,便于改变第一磁铁表面与第二磁铁表面的夹角,削弱某一瞬间第二磁铁与第一磁铁的吸引力,便于动嘴的复位。

附图说明

图 1 为一种仿生型机械式穴播器鸭嘴的正视示意图一;

图 2 为一种仿生型机械式穴播器鸭嘴的侧视示意图;

图 3 为一种仿生型机械式穴播器鸭嘴的俯视示意图;

图 4 为一种仿生型机械式穴播器鸭嘴的正视示意图二;

图 5 为一种仿生型机械式穴播器鸭嘴中定嘴的正视结构示意图;

图 6 为一种仿生型机械式穴播器鸭嘴中定嘴的侧视结构示意图;

图 7 为一种仿生型机械式穴播器鸭嘴中定嘴的立体结构示意图;

图 8 为一种仿生型机械式穴播器鸭嘴的剖视示意图;

图 9 为东方蝼蛄最外侧的爪趾外轮廓曲线提取示意图;

图 10 为东方蝼蛄最外侧的爪趾外轮廓曲线和拟合曲线示意图。

图中:1. 定嘴架;2. 定嘴;3. 动嘴;4. 铰接轴;5. 弹簧架;6. 凸起;7. 弹簧;8. 穴播器主块;9. 滑槽;10. 第一磁铁;11. 窝眼;12. 拐臂;13. 弹性筒;14. 排料孔。

具体实施方式

实施例：请参阅图1～图10，本发明实施例中，一种仿生型机械式穴播器鸭嘴，包括定嘴架（1）、定嘴（2）、动嘴（3）以及弹簧（7），其中，所述定嘴架（1）的下方固定有所述定嘴（2），所述定嘴（2）的底部采用铰接轴（4）铰接有所述动嘴（3），所述动嘴（3）上固定有弹簧架（5），所述定嘴架（1）上还固定有凸起（6），所述凸起（6）与弹簧架（5）之间固定有所述弹簧（7），所述定嘴（2）为仿生型结构；将定嘴（2）配置为仿生型结构能够有效地提升定嘴（2）对于土壤的挖掘能力，减小了能源消耗。如图8，所述定嘴架（1）中设置有第一磁铁（10），所述弹簧架（5）中设置有第二磁铁，在所述动嘴（3）挤压弹簧并偏转一定角度后，所述第一磁铁（10）与第二磁铁之间能够相互吸引。需要注意的是，在配置弹簧过程中需要考虑弹簧的弹性，当弹性过大时，在运行过程中需要较大的转动驱动力才能够实现对于弹簧的驱动，而当弹性过小时，则会使得在运行过程中动嘴容易脱离定嘴，使得定嘴中的种子容易提前脱落；而在弹性适中的情况下，还可能存在由于土壤因素导致动嘴（3）与定嘴（2）的配合并不太好的情况；具体而言，当土壤较为松软时，即使动嘴与定嘴已经转动一定角度，动嘴将部分土壤压缩，使得土壤的反作用力的距离不足以使得动嘴张开至预设角度，进而可能存在种子无法脱落的情况；

而本实施例中，定嘴架（1）中设置有第一磁铁（10），所述弹簧架（5）中设置有第二磁铁，在所述动嘴（3）挤压弹簧并偏转一定角度后，所述第一磁铁（10）与第二磁铁之间能够相互吸引，利用第一磁铁和第二磁铁能够实现对于弹簧的辅助驱动，使得弹簧仅被压缩一段距离即可由第一磁铁和第二磁铁进行驱动接力，保证动嘴能够张开足够宽度，便于种子下落。

本实施例中，如图5～图7，所述定嘴（2）的外轮廓以东方蝼蛄最外侧的爪趾外轮廓拟合曲线为仿生原型。

另外，如图10，所述东方蝼蛄最外侧的爪趾外轮廓拟合曲线以东方蝼蛄最外侧的爪趾外轮廓曲线为基础，并将东方蝼蛄最外侧的爪趾外轮廓曲线的X与Y二维坐标数据导入Matlab软件曲线拟合工具箱中，对数据点进行多项式拟合，选择三阶多项式模型进行拟合。

另外，如图9，所述东方蝼蛄最外侧的爪趾外轮廓曲线为：基于Matlab图像处理技术对东方蝼蛄最外侧的爪趾结构进行外形轮廓采样与处理，其中，先将最外侧的爪趾图像进行灰度处理，然后进行二值化处理，再提取二值化图像的轮廓，得到轮廓点数据，最后根据轮廓点数据绘制东方蝼蛄最外侧的爪趾外轮廓拟合曲线的 X 与 Y 二维坐标数据。

本实施例中，当所述动嘴（3）闭合于定嘴（2）上时，所述第一磁铁的表面与第二磁铁的表面存在第一夹角，当所述弹簧（7）被压缩时，所述第一磁铁的表面与第二磁铁的表面存在第二夹角，所述第二夹角小于第一夹角，所述第二夹角趋近于零。

也就是说，在初始阶段，第一磁铁的表面与第二磁铁的表面存在第一夹角，第一夹角能够保证二者之间不会存在过多的吸引力，并且由于二者的距离较远，其二者之间的吸引力则更弱；

由于动嘴（3）是与定嘴（2）进行铰接连接，因此动嘴（3）可进行偏转运动，也即动作（3）的运动路线为弧形，此时，第二磁铁的运动路线也为弧线，这就使得，在动嘴运动过程中，第一磁铁的表面与第二磁铁的表面之间的夹角会不断的变化，而当所述弹簧（7）被压缩至一定位置时，所述第一磁铁的表面与第二磁铁的表面存在第二夹角，第二夹角趋近于零，从而提高了第一磁铁与第二磁铁之间的吸附力，并且由于二者的距离缩短，二者之间的吸引力则更强，弹簧仅被压缩一段距离即可由第一磁铁和第二磁铁进行驱动接力，保证动嘴能够张开足够宽度，便于种子下落。

作为较佳的实施例，所述定嘴架（1）中开设有滑槽（9）用于容置所述第一磁铁（10），所述第一磁铁（10）的左右两侧均固定有十字型垫体，所述十字型垫体与滑槽（9）的侧壁相连；所述定嘴架（1）固定于穴播器主块（8）上，所述穴播器主块（8）上采用扭簧连接有窝眼（11），所述窝眼（11）由拐臂（12）所驱动进行偏转，所述拐臂（12）在转动过程中能够振荡所述穴播器主块（1）从而振荡所述十字型垫体。需要解释的是，穴播器中具有驱动拐臂（12）转动的机构，从而使得窝眼（11）同步转动，从而能够获得一颗种子并将该种子送入至定嘴中，本实施例中将拐臂（12）进行微调，使得其结构在转动过程中能够振荡所述穴播器主块（1）从而振荡所述十字型垫体，具体而言将拐臂（12）的底部构建呈弧形或者在拐臂的底部配置凸块，从而使得其在转动过程中能够振荡所述穴播器主块（1）从而振荡所述十字型垫体；在第一磁铁与第二磁铁相互作用之后，通过振荡十字型垫体能够使得第一磁铁进行无规则晃动，便于改变第一磁铁表面与第二磁铁表面的夹角，削弱某一瞬间第二磁铁与第一磁铁的吸引力，便于动嘴的复位。本实施例中，所述定嘴（2）中固定有导料座，所述导料座的中部开设有孔体用于与弹性筒（13）相连，所述弹性筒（13）的另一端连接至所述动嘴（3）上，且所述弹性筒（13）的底部一侧开设有排料孔（14）。

如此则能够为种子的移动提供精准导向，使得其能够精准落入至种植槽中，其下料的精准度至少能够提升一到三个百分点，需要注意的是，现有技术中的鸭嘴其下料的准确度能够达到95%，在此基础上所提升的一到三个百分点具有重大意义。

以上所述的，仅为本发明较佳的具体实施方式，但本发明的保护范围并不局限于此，任何熟悉本技术领域的技术人员在本发明揭露的技术范围内，根据本发明的技术方案及其发明构思加以等同替换或改变，都应涵盖在本发明的保护范围之内。

说明书附图

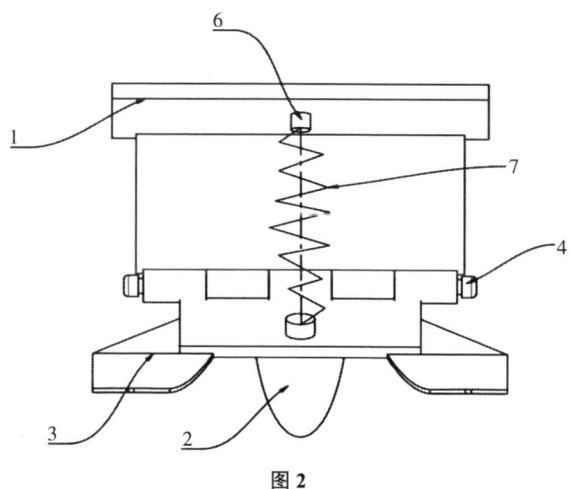

图 2

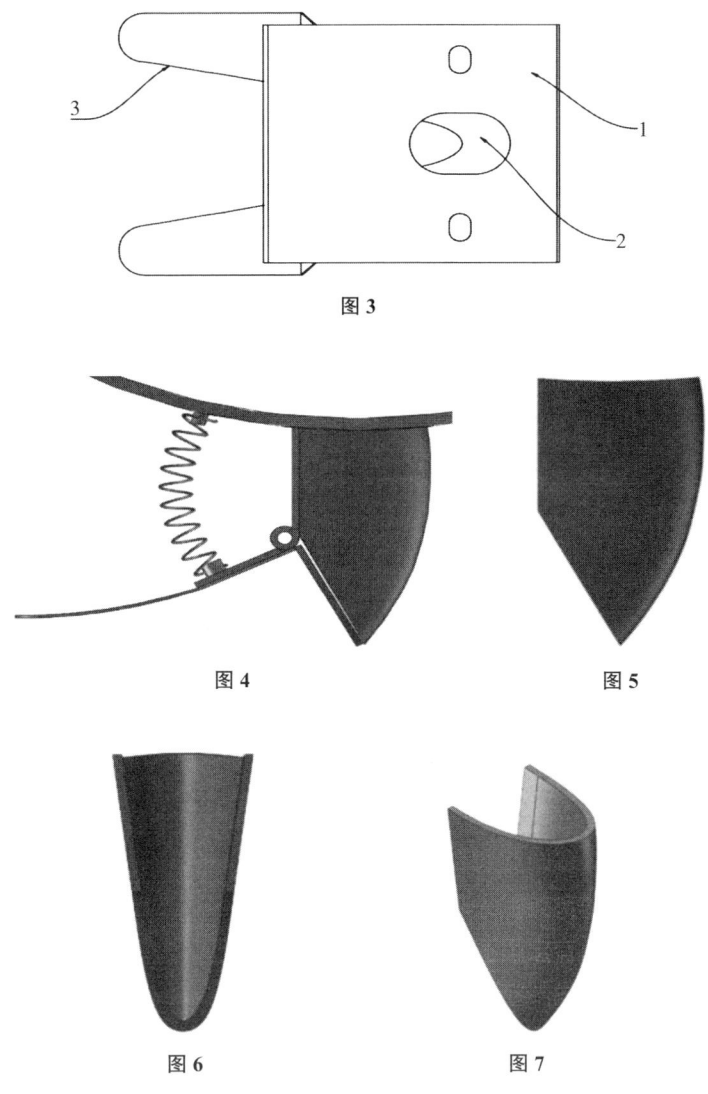

图 3

图 4

图 5

图 6

图 7

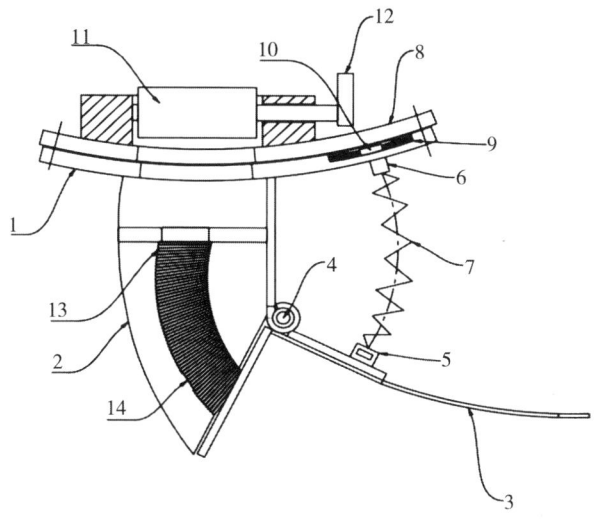

图 8

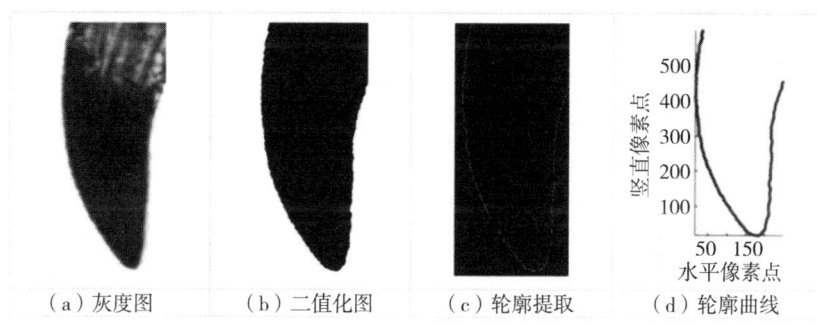

（a）灰度图　　（b）二值化图　　（c）轮廓提取　　（d）轮廓曲线

图 9

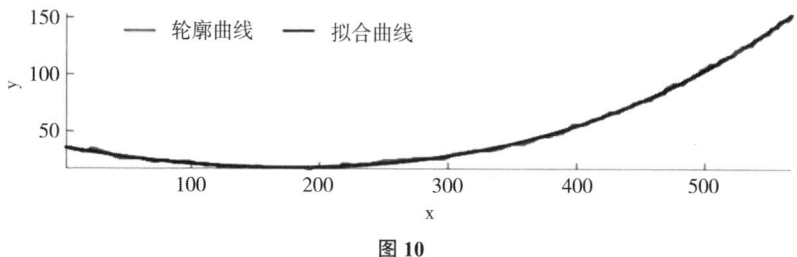

图 10

111. 自走式落地红枣清扫捡拾机

说明书摘要

本发明涉及一种矮化密植型种植模式下的落地红枣收获机械，主要包括机架、清扫装置、铲果装置、传动装置、液压装置、柴油机、电池组、电池组供电装置、万向轮、红枣Ⅰ级去杂输送装置、斗式红枣去杂提升装置、红枣去杂收集装置、运输轮、电动后桥、行走手控扶手、控制面板，清扫装置位于机架的最前方，铲果装置位于清扫装置的后方，红枣Ⅰ级去杂输送装置位于铲果装置的后方，柴油机位于铲果装置和红枣Ⅰ级去杂输送装置交接部位的上方，电池组供电装置位于柴油机的右侧，电池组位于柴油机的前方右侧，斗式红枣去杂提升装置位于红枣Ⅰ级去杂输送装置的后方，红枣去杂收集装置位于斗式红枣去杂提升装置的后方，电动后桥位于红枣去杂收集装置的下方，行走手控扶手位于红枣去杂收集装置的后方，控制面板位于行走控制扶手的下方，机架前方两侧各安装一个万向轮，电动后桥两侧各安装一个运输轮，清扫装置由横向清扫辊刷和倾斜清扫辊刷组成，铲果装置由仿形辊轮和红枣收集铲组成，红枣Ⅰ级去杂输送装置由主动轮Ⅰ、从动轮Ⅰ和输送带组成，斗式红枣去杂提升装置由主动轮Ⅱ、从动轮Ⅱ、输送链和红枣去杂提升斗组成，红枣去杂收集装置由红枣去杂栅条筛和红枣收集箱组成。本发明具有外形尺寸小、结构紧凑、地面仿形性好、作业幅宽随时可调、红枣收获效率高的优点，满足矮化密植型种植模式下的红枣收获要求。

技术领域

本发明涉及一种矮化密植型种植模式下的落地红枣清扫捡拾机，属于农业机械技术领域。

技术背景

新疆生产建设兵团党委自实施"减棉、增粮、增果、扩畜"的农业结构调整方针以来，红枣种植迅速在新疆大面积展开。新疆红枣种植普遍采用矮化密植的种植模式，这种种植模式下枣树外形尺寸小、枣树种植密集、可供收获作业空间有限。目前已有相关科研机构研制出了红枣收获机械，其中新疆农垦科学院研制出 4YS-24 型摇振式红枣收获机，该机型主要适用于枣树直径 10cm 以上的枣树进行收获作业，不适用于矮化密植型种植模式的红枣收获；石河子大学研制出 4ZZ-4 型激振式红枣收获机，但对于落地红枣收获比较困难，塔里木大学研制出 YE3600 型气吸式红枣收获机，但因风机负压不足导致作业效率不高。由于各种因素的影响，现有的红枣收获机械均没有在矮化密植型种植模式下大面积推广使用。当前矮化密植型种植模式下的红枣收获仍以人工捡拾的方式为主，人工捡拾效率低、投入大、作业强度大，严重影响红枣的经济效益。

发明内容

本发明的目的是克服现有技术存在的不足，提供一种落地红枣清扫捡拾机，该机具有体积小、结构紧凑、作业灵活、使用可靠等特点，适用于矮化密植型种植模式下的落地红枣收获作业。

本发明涉及一种自走式落地红枣清扫捡拾机，主要包括机架、清扫装置、铲果装置、传动装置、液压装置、柴油机、电池组供电装置、电池组、万向轮、红枣Ⅰ级去杂输送装置、斗式红枣去杂提升装置、红枣去杂收集装置、运输轮、电动后桥、行走手控扶手、控制面板；其特征在于清扫装置位于机架的最前方，铲果装置位于清扫装置的后方，红枣Ⅰ级去杂输送装置位于铲果装置的后方，柴油机位于铲果装置和红枣Ⅰ级去杂输送装置交接部位的上方，电池组供电装置位于柴油机右侧，电池组位于柴油机的前方右侧，斗式红枣去杂提升装置位于红枣Ⅰ级去杂输送装置的后方，红枣去杂收集装置位于斗式红枣去杂提升装置的后方，电动后桥位于红枣去杂收集装置的下方，行走手控扶手位于红枣去杂收集装置的后方，控制面板位于行走手控扶手的下方，机架前方两侧各安装一个万向轮，电动后桥两侧各安装一个运输轮。

上述自走式落地红枣清扫捡拾机，其特征在于清扫装置由一对呈 V 字形布置的倾斜清扫辊刷和横向清扫辊刷组成。工作过程中两个呈 V 字形布置的倾斜清扫辊刷的倾斜角度可随枣行宽度任意调整，呈 V 字形布置的两个清扫辊刷由液压装置驱动进行工作，柴油机通过传动装置带动横向清扫辊刷工作。

上述自走式落地红枣清扫捡拾机，其特征在于铲果装置由仿形辊轮和红枣收集铲组成，在重力的作用下铲果装置的前端始终贴着地面向前行进，保持红枣收集铲与地表的紧密结合。

上述自走式落地红枣清扫捡拾机，其特征在于红枣Ⅰ级去杂输送装置由主动轮Ⅰ、从动轮Ⅰ和带有去杂缝隙的输送带组成。

上述自走式落地红枣清扫捡拾机，其特征在于斗式红枣去杂提升装置由主动轮Ⅱ、从动轮Ⅱ、输送链、红枣去杂提升斗组成。输送链安装在主、从动轮上，红枣去杂提升斗通过螺栓连接均匀安装在输送链上。

上述自走式落地红枣清扫捡拾机，其特征在于红枣去杂收集装置由红枣去杂栅条筛和红枣收集箱组成。

本发明结构紧凑、外形尺寸小、地面仿形性能好、作业效率高、工作可靠。作业过程中可通过调整两个呈V字形布置的倾斜清扫辊刷的倾斜角度来调整作业幅宽，适应不同的枣行宽度。另外，该型红枣收获机收获作业过程中对红枣损伤小，所收获红枣含杂率低。适用于矮化密植型种植模式下的落地红枣收获作业。

附图说明

图1为本发明的结构示意图（主视图）；

图2为本发明的结构示意图（俯视图）；

图3为本发明的结构示意图（右视图）。

图中：1.机架，2.清扫装置，3.横向清扫辊刷，4.仿形辊轮，5.铲果装置，6.红枣收集铲，7.液压装置，8.万向轮，9.从动轮Ⅰ，10.柴油机，11.红枣Ⅰ级去杂输送装置，12.传动装置，13.输送带，14.主动轮Ⅰ，15.红枣去杂提升斗，16.从动轮Ⅱ，17.输送链，18.斗式红枣去杂提升装置，19.主动轮Ⅱ，20.红枣去杂收集装置，21.红枣收集箱，22.运输轮，23.行走手控扶手，24.倾斜清扫辊刷，25.电池组，26.电池组供电装置，27.红枣去杂栅条筛，28.控制面板，29.电动后桥。

具体实施方式

图1、图2、图3所示为一种自走式落地红枣清扫捡拾机，包括机架（1）、清扫装置（2）、铲果装置（5）、液压装置（7）、柴油机（10）、红枣Ⅰ级去杂输送装置（11）、传动装置（12）、斗式红枣去杂提升装置（18）、红枣去杂收集装置（20）、万向轮（8）、运输轮（22）、行走手控扶手（23）、电池组（25）、电池组供电装置（26）、控制面板（28）、电动后桥（29），其特征在于清扫装置（2）位于机架（1）的最前方，铲果装置（5）位于清扫装置（2）的后方，红枣Ⅰ级去杂输送装置（11）

位于铲果装置（5）的后方，柴油机（10）位于铲果装置（5）和红枣Ⅰ级去杂输送装置交接部位的上方，电池组供电装置（26）位于柴油机（10）的右侧，电池组（25）位于柴油机的前方右侧，斗式红枣去杂提升装置（18）位于红枣Ⅰ级去杂输送装置（11）的后方，红枣去杂收集装置（20）位于斗式红枣去杂提升装置（18）的后方，电动后桥（29）位于红枣去杂收集装置（20）的下方，运输轮（22）位于电动后桥（29）的两侧，行走手控扶手（23）位于红枣去杂收集装置（11）的后方，控制面板（28）位于行走手控扶手（23）的下方，机架（1）前方两侧各安装一个万向轮（8），传动装置（12）和液压装置（7）设于机架（1）上，所述清扫装置（2）由两根倾斜清扫辊刷（24）和横向清扫辊刷（3）组成，上述两根倾斜清扫辊刷（24）呈V字形布置且位于机架（1）的最前方，横向清扫辊刷（3）位于呈V字形布置的倾斜清扫辊刷（24）的后方，所述铲果装置（5）由仿形辊轮（4）和红枣收集铲（6）组成，上述仿形辊轮（4）位于红枣收集铲（6）的前方，所述红枣Ⅰ级去杂输送装置（11）由主动轮Ⅰ（14）、从动轮Ⅰ（9）、输送带（13）组成，上述输送带（13）安装在主动轮Ⅰ（14）和从动轮Ⅰ（9）上，所述斗式红枣去杂提升装置（18）由主动轮Ⅱ（19）、从动轮Ⅱ（16）、输送链（17）和红枣去杂提升斗（15）组成，上述输送链（17）安装在主动轮Ⅱ（19）和从动轮Ⅱ（16）上，红枣去杂提升斗（15）通过螺栓连接均匀安装在输送链（17）上，所述红枣去杂收集装置（20）由红枣去杂栅条筛（27）和红枣收集箱（21）组成，上述红枣去杂栅条筛（27）位于红枣收集箱（21）的上方。

　　本发明的工作过程是：通过自走式落地红枣清扫捡拾机的控制面板（28）控制柴油机（10）的启、停，当柴油机（10）启动后，柴油机（10）通过传动装置（12）和液压装置（7）带动清扫装置（2）、铲果装置（5）、红枣Ⅰ级去杂输送装置（11）、斗式红枣去杂提升装置（18）工作。工作的过程中手扶行走手控扶手（23）并压住控制按钮，电池组（25）电源与电动后桥（29）联通，自走式落地红枣清扫捡拾机即可沿着枣行行进，清扫装置（2）的两根呈V字形布置的倾斜清扫辊刷（24）将枣行地面红枣清扫归拢成长条状，清扫装置（2）的横向清扫辊刷（3）将堆砌成长条状的红枣依次清扫到铲果装置（5），铲果装置

(5)上的红枣在惯性和红枣之间相互作用下运动到红枣Ⅰ级去杂输送装置(11)上,红枣中的部分杂质在红枣Ⅰ级去杂输送装置(11)的输送过程中,从输送带(13)的缝隙间漏出,红枣Ⅰ级去杂输送装置(11)上的红枣在输送带(13)和重力的作用下落入斗式红枣去杂提升装置(18)的红枣去杂提升斗(15)中,斗式红枣去杂提升装置(15)在向上提升红枣的过程中,带有网孔漏杂功能的红枣去杂提升斗完成红枣的第二次去杂,红枣去杂提升斗(15)中的红枣提升到斗式红枣去杂提升装置(18)的顶部后,在重力和惯性的作用下落入红枣去杂收集装置(20)中,进入红枣去杂收集装置(20)的红枣经红枣去杂栅条筛(27)最后一次去杂处理之后,在重力作用下滚入到红枣收集箱(21),整个过程即完成红枣的收集。另外,通过控制面板(28)还可控制自走式落地红枣清扫捡拾机的前进、后退和行进的快慢。

说明书附图

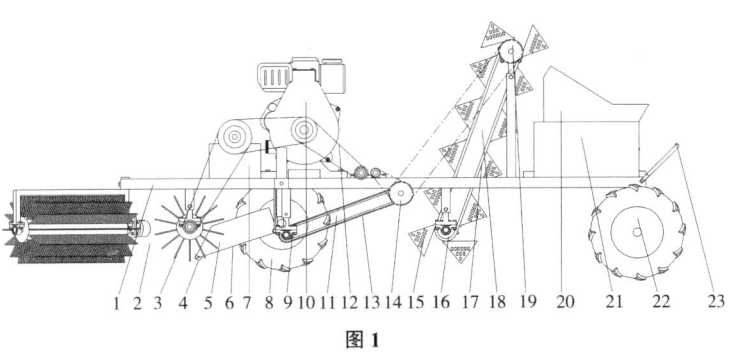

图 1

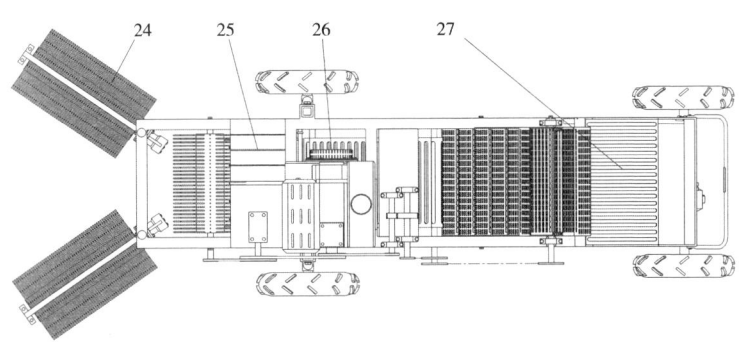

图 2

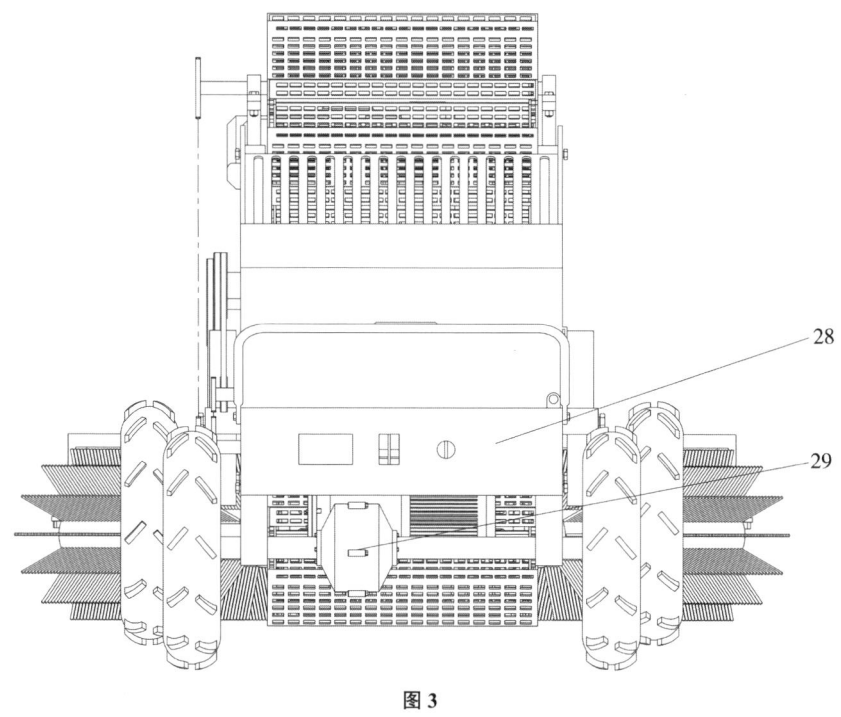

图 3

112. 一种新型红枣在线检测与分选机

说明书摘要

本发明公布了一种新型红枣在线检测与分选机,主要用于红枣的在线检测与分选定级。本机器主要由控制箱、分选箱、气缸立柱、气缸、导轨、伺服电机、齿形带、橡胶垫块、气动吸盘、工业相机包括图像信息处理器和信息采集器、相机立柱和横梁、输送带横梁、立柱、红枣箱、带有沟槽的输送带、电动机等主要部件组成。其主要装配关系为立柱和输送带横梁构成主架构,输送带和转动轴联接安装在两支输送带横梁之间并且其中一支转动轴与电动机相联接。控制箱中安装有单片机等嵌入式设备制作的控制器、各种开关、继电器、仪表、线路等设备安装在不与电动机相同的转动轴的一侧。相机横梁和相机立柱相联接安装在输送带横梁上,工业相机安装在相机横梁上。气缸立柱安装在输送带横梁上,导轨安装在气缸立柱上,伺服电机和齿形带轮支座各安装在气缸立柱的两侧并通过齿形带相联接。气缸通过支座安装在导轨上其气缸顶部装配有与齿形带相啮合的齿条,保证齿形带在转动时带动气缸移动。在气缸的下部安装有橡胶垫块,保证气动吸盘在与红枣接触时有一定的弹性。在橡胶垫块的下部安装有气动吸盘,用于吸取红枣。分选盒安装在输送带运动的方向尾部,在输送带上安装有隔开的分选通道。

摘要附图

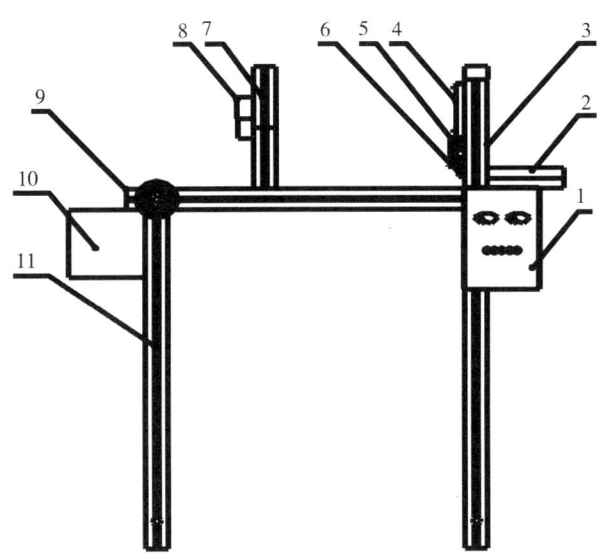

图1 新型红枣在线检测与分选机

技术领域

本发明属于农业工程食品加工领域,特别适合于红枣的在线检测和分选定级的新型红枣分选机。

技术背景

新疆红枣种植历史悠久、规模庞大、品种繁多，是新疆特色产业的重要组成部分，并且也成为农民增收的重要经济来源。据有关部门统计每年新疆红枣已有 600 多万亩的种植规模，产量达到 400 万吨以上，显然红枣经济已经成为新疆经济发展的重要经济支柱。因此对红枣的分选定级是提高红枣经济效益、优化红枣经济结构的重要措施，有利于红枣更好地迎合市场发展的需求、进一步扩展红枣利润空间，所以有必要对红枣进行分选定级。虽然现在市场上也有一些分选机械，主要是利用红枣的外形的大小、重量等特征而研制的大小分选机、重量分选机等机型进行分级。这些分选机主要采用机械式工作方式为主，主要工作部件为滚筒、丝杠等部件。此结构简单方便、成本较低，但是只能分选球型或者近似球型红枣效果较好，因而未能大量推广使用。其他的如红枣自动快速无损检测分级机，这个机器主要利用机器视觉技术结合红枣的外部综合特征指标进行分选定级。外部特征主要包括红枣的表面缺陷、色泽、形状等。主要工作部件为辊轮、间歇式凸轮机构等。这种分选机虽然分选效果好，但是机械结构复杂、辊轮加工困难、设备维修成本高等原因没有大量投入使用。因此，本发明在农业工程领域特别是在红枣检测与分选定级的大规模生产中有重要意义。

发明内容

针对以上问题和缺点，本发明旨在提供一种简单可靠、使用方便、工作效率高可用于红枣在大规模生产中在线检测和分选定级的新型红枣机器。

为达到以上目的，本发明提供如下具体方案：

新型红枣分选机的主要结构和部件有控制箱、分选箱、气缸立柱、气缸、导轨、伺服电机、齿形带、橡胶垫块、气吸盘、工业相机包括图像信息处理器和信息采集器、相机立柱和横梁、输送带横梁、立柱、红枣箱、带有沟槽的输送带、电动机等主要部件组成。其主要装配关系为立柱和输送带横梁构成主架构，输送带和转动轴联接安装在两支输送带横梁之间并且其中一支转动轴与电动机相联接。控制箱中安装有单片机等嵌入式设备制作的控制器、各种开关、继电器、仪表、线路等设备安装在不与电动机相同的转动轴的一侧。相机横梁和相机立柱相联接安装在输送带横梁上,工业相机安装在相机横梁上。工业相机不仅可以采集红枣的外形尺寸信息,而且还可以探测红枣内部品质的优劣如是否红枣内部发生变质等。气缸立柱安装在输送带横梁上,导轨安装在气缸立柱上,伺服电机和齿形带轮支座各安装在气缸立柱的两侧并通过齿形带相联接。气缸通过支座安装在导轨上其气缸顶部装配有齿条等部件与齿形带相啮合,保证齿形带在转动时带动气缸移动。在气缸的下部安装有橡胶垫块,保证气动吸盘在与红枣接触时有一定的弹性。在橡胶垫块的下部安装有气动吸盘,用于吸取红枣时防止红枣受到较大的冲击力而造成损伤。分选箱安装在输送带运动的方向尾部,在输送带上安装有隔开的3个分选通道,代表分选的3个等级。

与现有技术相比,本发明有如下特点:

(1)工业相机不仅可以采集红枣的尺寸信息,而且还可以采集红枣内部品质的优劣和缺陷等特征,控制器将这些信息综合分析处理,输出相应的信息并通过相应的执行部件执行相应的动作,具有反应灵敏、分选效果好、具有较低的能耗和较高的识别精度。

(2)气缸向下运动时气动吸盘接近红枣,然后气动吸盘吸取红枣并移动至相应的通道轨道上,具有吸取捡拾效果较好、动作简单迅速、动作快速等优点。

(3)在分选机输送带的尾部安装带有3个通道的分选盒,可以将分选后的红枣进行回收,其优点为制作简单、成本较低、使用方便、降低了回收的难度。

(4)该机器结构简单,机构设计合理,运输方便,占用空间小,具有较低的能耗和较高的识别精度。

附图说明

图1为新型红枣在线检测与分选机;

图2为新型红枣在线检测与分选机左视图;

图 3 为新型红枣在线检测与分选机俯视图。

图中：1.控制箱；2.分选箱；3.气缸立柱；4.气缸；5.橡胶垫块；6.气动吸盘；7.相机立柱；8.工业相机信息处理器；9.横梁；10.红枣箱；11.立柱；12.电动机；13.工业相机信息采集器；14.齿形带轮支座；15.齿形带；16.伺服电机；17.气缸上横梁；18.工业相机横梁；19.气缸下横梁；20.橡胶垫块固定板；21.分选通道；22.输送带；23.输送带沟槽。

具体实施方式

首先将该机器放置在平稳的地面上，打开启动开关启动电动机带动输送带运动。同时也启动工业相机的开关、空压机开关、气动吸盘的等动力控制开关。将放在红枣箱中的红枣依次放置在输送带上的沟槽中并随输送带运动。当运动至工业相机的工作范围时工业相机采集红枣的外部特征和检测内部品质，图像信息处理器将采集的图像信息处理并传输至控制器中。控制器将获得信息根据相应的程序来处理并输出相应的信息控制各个执行机构的状态。当红枣运动至气动吸盘的工作范围时，此时气动开关在控制器输出的延时时间信息后开启使气缸向下运动，当气动吸盘向下运动至一定范围时，气动吸盘开关开启使气动吸盘吸取红枣，在气动吸盘的吸口边缘安装有橡胶片和气动吸盘和气压缸之间安装有橡胶垫块主要防止气缸向下运动时损伤红枣，起到减震的作用。当气动吸盘吸起红枣气缸向上运动一定距离时，控制器发出信息使伺服电机运动从而带动气缸运动至相应的定级轨道上。然后在输送带的作用下运动到红枣回收盒中的分选定级的通道中，进而完成分选定级。

说明书附图

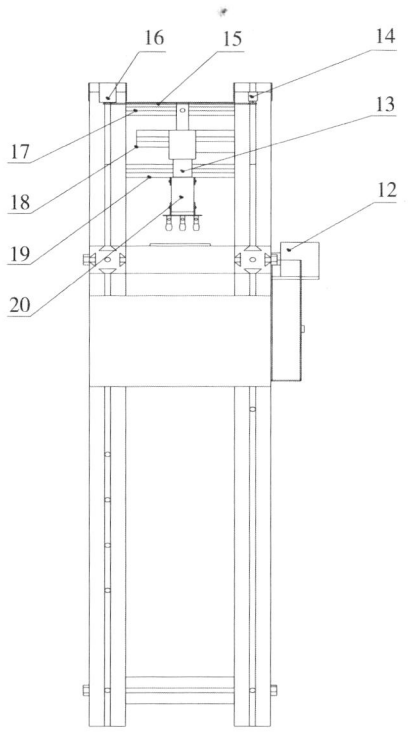

图 2 新型红枣在线检测与分选机左视图

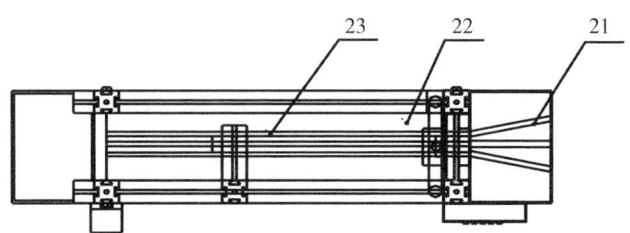

图 3 新型红枣在线检测与分选机俯视图

113. 棉桃残膜回收及棉秆粉碎还田联合作业机

说明书摘要

本发明涉及棉花采收后的棉桃回收、残膜回收以及棉秆粉碎还田联合作业农机具，主要包括齿梳式棉桃回收装置、链耙式残膜回收装置、棉秆粉碎还田装置、传动装置、三点悬挂装置、限深轮、行走轮、机架、脱膜辊刷、集膜箱；三点悬挂装置位于机架的最前方，齿梳式棉桃回收装置位于三点悬挂装置的后方，链耙式残膜回收装置位于齿梳式棉桃回收装置的后方，棉秆粉碎还田装置位于链耙式残膜回收装置的后下方，脱膜辊刷位于链耙式残膜回收装置的后方，集膜箱位于脱膜辊刷的下方且在机架的最后方，机架前方两侧各安装一个限深轮，机架最后方两侧各安装一个行走轮，齿梳式棉桃回收装置由齿梳式棉桃回收铲、棉桃回收料斗、输送软管、三通、负压风机、棉桃收集箱组成，链耙式残膜回收装置由链轮组、输送链、挑膜齿、挑膜齿支撑板、输膜辅助板组成，棉秆粉碎还田装置由甩刀联接轴、棉秆粉碎甩刀以及护罩组成。本发明可同时完成棉桃回收、残膜回收及棉秆粉碎还田作业，具有作业功能全面、实用性强、作业质量稳定、作业效果好等特点。

技术领域

本发明主要涉及棉花收获后棉桃回收、残膜回收以及棉秆粉碎还田联合作业农机具，属于农业机械技术领域，尤其适用于新疆棉花种植模式下的棉桃回收、残膜回收及棉秆粉碎还田联合作业。

技术背景

新疆气候条件独特，棉花种植规模庞大，是我国优质棉花的主要生产基地。大面积的棉花种植普遍采用地膜覆盖技术。大量塑料地膜的使用造成农田严重的白色污染，对棉花发芽、生长以及棉花产量等产生严重影响，不利于农田的可持续性发展。棉花采收后棉花植株上仍然存在一些棉桃，棉桃的存在影响机械回收残膜的回收率。

新疆棉花种植年限长，棉田残膜积累严重，治理棉田残膜污染刻不容缓。棉花收获后棉花植株上棉桃的存在为牛羊饲料提供了很好的来源。在传统残膜回收机残膜回收作业前增加棉桃回收作业工序，不仅能最大限度地合理利用资源而且还能减小对回收残膜的影响。研究表明棉秆粉碎还田有助于提高土壤的有机质含量从而改善土壤。故将具有棉桃回收、残膜回收、棉秆粉碎还田功能的三种机构整合在一起，有利于减少农机具下地作业的次数、提高农机具的使用效率、减少农机具的维护成本。因此，研究棉桃回收、残膜回收以及棉秆粉碎还田的联合作业机，对于促进新疆棉花产业的可持续性发展有重要意义。

发明内容

本发明的目的在结合现有技术与条件的基础上，提供一种一次作业能实现棉桃回收、残膜回收以及棉秆粉碎还田的联合作业农机具，该机具安全可靠，结构合理，作业效率高，作业质量稳定，回收棉桃可供牛羊等食用，回收残膜含杂率低，棉秆粉碎还田质量稳定等特点，适用于新疆棉花种植模式下的棉桃回收、棉田残膜回收、棉秆粉碎还田联合作业。

本发明涉及一种棉桃回收、残膜回收及棉秆粉碎还田联合作业机，主要包括齿梳式棉桃回收装置、链耙式残膜回收装置、棉秆粉碎还田装置、传动装置、三点悬挂装置、限深轮、行走轮、脱膜辊刷、集膜箱以及机架；其特征在于三点悬挂装置位于机架的最前方，机架前方两侧各布置有一个限深轮，齿梳式棉桃回收装置位于三点悬挂装置的后方，链耙式残膜回收装置位于齿梳式棉桃回收装置的后方，棉秆粉碎还田装置位于链耙式残膜回收装置的后下方，脱膜辊刷位于链耙式残膜回收装置的后方，集膜箱位于脱膜辊刷的下方且在机架的最后方，机架最后方两侧各布置一个行走轮。

上述棉桃回收、残膜回收及棉秆粉碎还田联合作业机，其特征在于齿梳式棉桃回收装置由齿梳式棉桃回收铲、棉桃回收斗、输送软管、三通、负压风机、棉桃收集箱组成。齿梳式棉桃回收铲通过钢板螺栓连接在整个装置的最前方，在机架的下方，棉桃回收斗位于齿梳式棉桃回收铲的后方，棉桃回收斗入料口与齿梳式棉桃回收铲的出料口通过螺栓连接在一起，棉桃收集箱位于棉桃回收斗的上方且在机架上方，三通的一个出口的法兰盘通过螺栓与棉桃收集箱的入料口的法兰盘相联，三通靠近机架前方的出口的法兰盘通过螺栓与负压风机的进风口的法兰盘相联，三通的另一个出口与棉桃回收斗的出料口通过输送软管联接一起。

上述棉桃回收、残膜回收及棉秆粉碎还田联合作业机，其特征在于链耙式残膜回收装置由链轮组、输送链、挑膜齿、挑膜齿支撑板、输膜辅助板组成。输送链安装在链轮组上，挑膜齿通过螺栓安装在挑膜齿支撑板上，挑膜齿支撑杆通过螺栓联接均匀布置在输送链上，相邻两挑膜齿支撑板上的挑膜齿呈错开均匀布置。

上述棉桃回收、残膜回收及棉秆粉碎还田联合作业机，其特征在于棉秆粉碎还田装置由甩刀联接轴、棉秆粉碎甩刀以及护罩组成。棉秆粉碎甩刀通过螺栓联接在甩刀联接轴上，护罩通过螺栓联接包裹在棉秆粉碎甩刀的外侧，棉秆粉碎的粗细程度可通过增减甩刀联接轴上棉秆粉碎甩刀的数量来控制。

上述棉桃回收、残膜回收及棉秆粉碎还田联合作业机，其特征在于脱膜辊刷是由塑料清扫刷丝做成的高密度圆柱形清扫辊刷。脱膜辊刷的刷丝也可以是由帆布带或者其他软质材料代替。

本发明结构紧凑、实用性强、作业效率高、作业质量稳定，一次作业能完成棉桃回收、残膜回收和棉秆粉碎还田作业。回收棉桃可作为牛羊饲料，残膜回收率高，回收残膜含杂率低，棉秆粉碎程度可控制，适用于新疆棉花种植模式下的棉桃回收、残膜回收及棉秆粉碎还田联合作业。

附图说明

图1为本发明的结构示意图（主视图）。

图2为本发明的结构示意图（俯视图）。

图3～图5为本发明的齿梳式棉桃回收铲结构示意图（轴测图）。

图中：1.机架，2.脱膜辊刷，3.输送链，4.挑膜齿支撑板，5.链轮组，6.挑膜齿，7.棉桃收集箱，8.三通，9.负压风机，10.三点悬挂装置，11.传动装置，12.限深轮，13.齿梳式棉桃回收铲，14.齿梳式棉桃回收装置，15.棉桃回收斗，16.输送软管，17.链耙式残膜回收装置，18.输膜辅助板，19.棉秆粉碎甩刀，20.棉秆粉碎还田装置，21.甩刀联接轴，22.护罩，23.集膜箱，24.行走轮。

具体实施方式

图1、图2所示为一种棉桃回收、残膜回收及棉秆粉碎还田联合作业机,包括机架(1)、齿梳式棉桃回收装置(14)、链耙式残膜回收装置(17)、棉秆粉碎还田装置(20)、传动装置(11)、三点悬挂装置(10)、限深轮(12)、脱膜辊刷(2)、集膜箱(23)、行走轮(24),其特征在于三点悬挂装置(10)位于机架(1)的最前方,机架(1)的前方两侧各安装一个限深轮(12),齿梳式棉桃回收装置(13)位于三点悬挂装置(10)的后方,链耙式残膜回收装置(17)位于齿梳式棉桃回收装置(13)的后方,棉秆粉碎还田装置(20)位于链耙式残膜回收装置(17)的后下方,脱膜辊刷(2)位于链耙式残膜回收装置(17)的后方,集膜箱(23)位于脱膜辊刷(2)的下方机架(1)的最后方,机架(1)最后方两侧各布置一个行走轮(24),传动装置(11)设于机架(1)上,所述的齿梳式棉桃回收装置(14)由齿梳式棉桃回收铲(13)、棉桃回收斗(15)、输送软管(16)、三通(8)、棉桃收集箱(7)、负压风机(9)组成,齿梳式棉桃回收铲(13)通过钢板螺栓联结安装在机架(1)的前方下侧,棉桃回收斗(15)位于齿梳式棉桃回收铲(13)的后方,棉桃回收斗(15)与齿梳式棉桃回收铲(13)通过螺栓联接在一起,棉桃收集箱(7)位于棉桃回收斗(15)的上方且在机架(1)上方,三通(8)一个出口的法兰盘通过螺栓与棉桃收集箱(7)入料口的法兰盘相联,三通(8)靠近机架前方出口的法兰盘通过螺栓与负压风机(9)进风口的法兰盘相联,三通(8)的另一个出口与棉桃回收斗(15)的出料口通过输送软管(16)联接在一起,链耙式残膜回收装置(17)由链轮组(5)、输送链(3)、挑膜齿(6)、挑膜齿支撑板(4)、输膜辅助板(18)组成,输送链(3)安装在链轮组(5)上,挑膜齿(6)通过螺栓安装在挑膜齿支撑板(4)上,挑膜齿支撑板(4)通过螺栓联接均匀布置在输送链(3)上,相邻两挑膜齿支撑板(4)上的挑膜齿(6)呈错开均匀布置,棉秆粉碎还田装置(20)由甩刀联接轴(21)、棉秆粉碎甩刀(19)以及护罩(22)组成,棉秆粉碎甩刀(19)通过螺栓联接在甩刀联接轴(21)上,护罩(22)通过螺栓联接包裹在棉秆粉碎甩刀(19)的外侧。

本发明的工作过程是：棉桃回收、残膜回收及棉秆粉碎还田联合作业机通过三点悬挂装置（10）与拖拉机的牵引装置悬挂联接，拖拉机的动力输出轴通过传动轴与本发明的传动装置（11）的动力输入轴相联，从而构成联合作业机组，拖拉机通过传动装置（11）进行动力传输，驱动齿梳式棉桃回收装置（14）、链耙式残膜回收装置（17）、棉秆粉碎还田装置（20）、脱膜辊刷（2）进行工作。工作过程中，机组沿着棉田苗行向前匀速前进，齿梳式棉桃回收铲（13）将棉秆上的棉桃和棉叶捋下，捋下的棉桃与棉叶在机具向前行进的过程中不断进入棉桃回收斗（15），棉桃回收斗（14）中的棉桃和棉叶在负压风机（9）产生的吸力作用下，沿输送软管（16）输送到三通（8），进入三通（8）中棉桃与棉叶在三通（8）靠近负压风机一侧安装的阻挡筛网的阻挡作用下沿与棉桃收集箱（7）入料口联结的三通（8）出口进入棉桃收集箱（7），从而实现棉桃的回收作业。在机具向前行进的过程中，传动装置（11）通过链传动驱动链耙式残膜回收装置（17）进行残膜回收作业，作业时，机具最下端的挑膜齿（6）不断将地表残膜挑起并将残膜输送到输膜辅助板（18），借助挑膜齿（6）、残膜、输膜辅助板（18）三者之间的摩擦力将残膜输送到集膜箱（23）的上方，大部分残膜在重力作用下掉入集膜箱（23），一些挑膜齿（6）上由于粘有泥土致使残膜没有掉入集膜箱（23），脱膜辊刷（2）在传动装置（11）的作用下产生不停的旋转运动，将挑膜齿（6）上没掉下的残膜从挑膜齿（6）上脱落下来，通过调节机架（1）前方的两个限深轮（12）可控制机具最下方挑膜齿（6）的入土深度，从而控制残膜回收的力度，整个过程即可实现残膜回收作业。棉秆粉碎还田装置（20）在传动装置（11）的作用下，棉秆粉碎甩刀（19）不断的高速旋转作业，将直立棉秆粉碎成短截状，护罩（22）防止在高速粉碎棉秆时引起棉秆四溅，从而完成棉秆高效粉碎还田作业，同时调节机架（1）前方的两个限深轮（12）可控制棉田棉秆粉碎后棉秆残茬残留的高度。拖拉机与机具组成的联合作业机一次作业依次完成棉桃回收、残膜回收、棉秆粉碎还田三项作业。

说明书附图

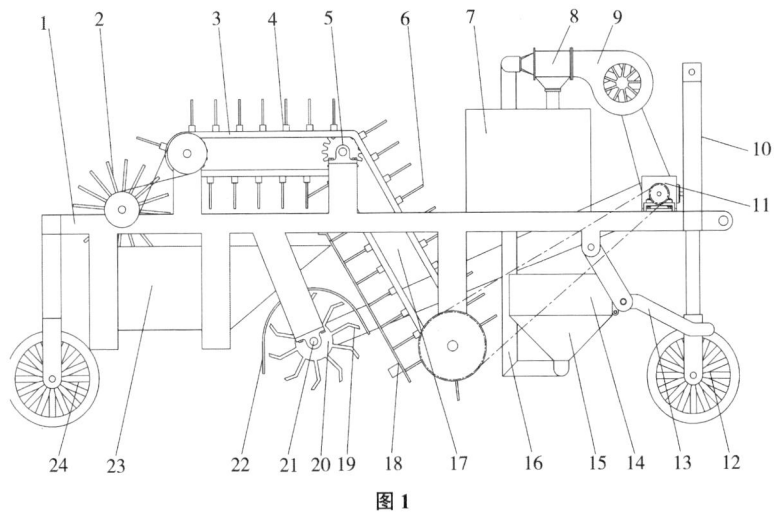

图 1

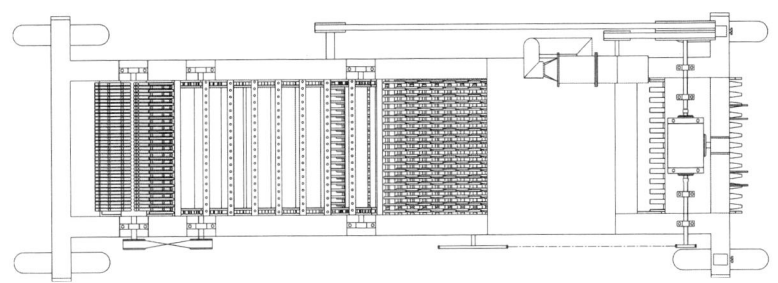

图 2

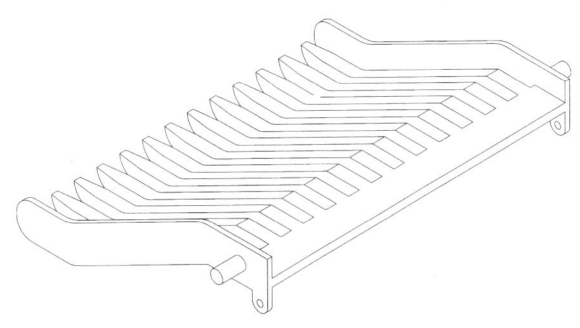

图 3

评审常见问题

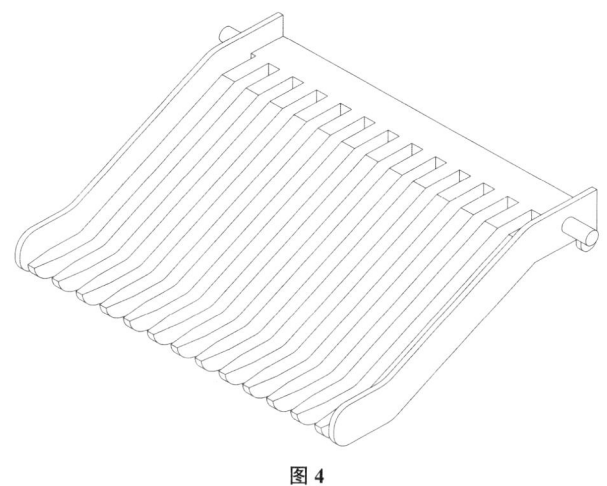

图 4

图 5

114. 残膜回收机的刀齿长度与排列密度的设计优化方法及装置

说明书摘要

本发明提供了残膜回收机的刀齿长度与排列密度的设计优化方法及装置。装置包括：拉力传感器（1），与所述起膜参数设计优化装置的框架连接，用于与牵引动力相连；数据接收器（2），固定在框架上；电机（3），固定在框架上；扭矩传感器（4），装入传动轴（7）之间；旋耕刀片（5），设置在传动轴（7）上；可调整行走轮（6），固定在框架的下部。本发明提供的装置和方法可以用于优化起膜刀齿长度与排列密度等参数，可以准确地确定所需的设计参数，设计精度更高，有利于提高起膜机的残膜回收率。本发明的方法可用于残膜回收机起膜刀齿长度与排列密度等参数的设计依据与农机试验装置参考。

说明书摘要附图

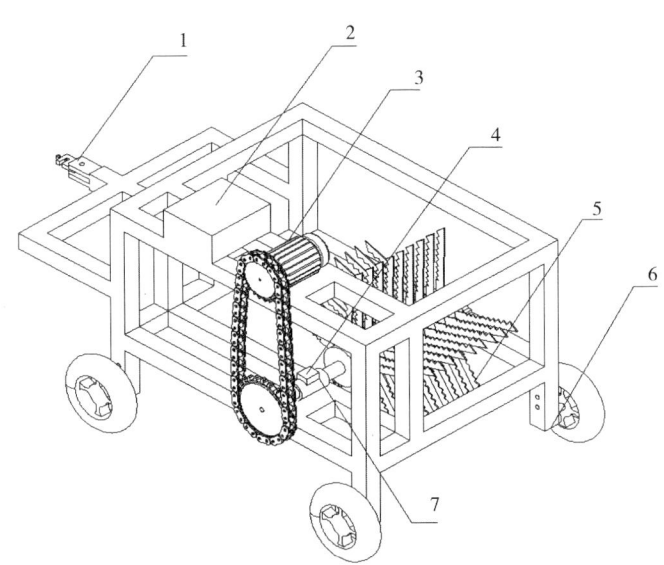

1.拉力传感器　2.数据接收器　3.旋耕电机　4.扭矩传感器
5.旋耕刀片长度与排列数量　6.可调整行走轮　7.传动扭轴
图1　耕层残膜回收机起膜装置测试系统

权利要求书

1. 一种旋耕残膜回收机的起膜参数设计优化装置,其特征包括:

拉力传感器(1),与所述起膜参数设计优化装置的框架连接,用于与牵引动力相连;

数据接收器(2),固定在所述框架上;

电机(3),固定在所述框架上;

扭矩传感器(4),装入传动轴(7)之间;

旋耕刀片(5),设置在传动轴(7)上;

可调整行走轮(6),固定在所述框架的下部;

其中,电机(3)用于驱动传动轴(7),电机(3)与传动轴(7)连接,可调整行走轮(6)可上下移动以选择旋耕刀片(5)的入土深度,传动轴(7)与旋耕刀片(5)连接以驱动旋耕刀片(5),拉力传感器(1)的数据线、扭矩传感器(4)的数据线分别接入传感器的数据接收器(2),数据接收器(2)与计算机连接。

2. 一种旋耕残膜回收机的起膜参数设计优化方法,其特征包括:

步骤1:如权利要求1所述的起膜参数设计优化装置的连接与信号接入;

步骤2:传感器数据的计算与分析处理,传感器信号的放大,数据的模数转换;

由数据接收器(2)判断传感器信号是否接入,将传感器数据接入信号放大电路以及进行模数转换;

步骤3:拉力值数据的计算分析,扭矩数据的计算分析,其中,拉力值的计算由公式(1)计算得出,扭力的计算由公式(2)计算得出,公式(3)用于试验设置时旋耕刀齿长度与排列密度的设计参数;

其中,测试所采用的拉力值 F_L 依照如下数学关系计算:

$$F_L = M + \frac{1.805w \times \delta}{K} \tag{1}$$

在公式(1)中,M 为起膜装置整机质量,单位为 kg;w 为旋耕刀齿长度与排列密度比例系数;为作业深度,单位为 mm;K 为行走轮滑动摩擦调节系数,与土壤环境参数有关;通过公式(1)由拉力试验得

到 w 值；通过设置不同的旋耕刀齿长度与排列密度，起膜参数设计优化装置进行拉力试验，测试得到最优拉力对应的 w 值；

根据扭力系统测试实验结果，旋耕刀片设计长度参数 L、扭矩传感器接触应力与旋耕传动轴扭力 T 关系按以下模型计算：

$$T = \int 2.17 \times \frac{\varphi \tau}{L} dA\tau \quad (2)$$

在公式（2）中，φ 为旋耕刀片入土角度，弧度；τ 为扭矩传感器接触应力，单位为 kPa；L 为旋耕刀片设计长度，单位为 mm；通过公式（2）由扭矩试验得到 L 值；通过起膜参数设计优化装置进行扭矩试验，测试得到最优扭矩对应的 L 值；

步骤4：利用拉力与扭矩数据，根据计算公式（1）、（2），分析得出试验台的扭力、拉力值等，以此进行旋耕刀齿长度与排列密度关系试验，以最小的拉力、最优的扭矩力通过试验数据拟合得到旋耕刀齿长度与排列密度的关系模型；

其中，先以拉力与扭矩数据，根据计算公式（1）、（2），分析得出试验台的扭力、拉力值所对应的旋耕刀片设计长度参数 L、旋耕刀齿长度与排列密度比例系数 w 的初始值；

然后以不同旋耕刀齿长度与排列密度进行土槽试验，进行残膜回收机回收试验，选取回收率最好的对应值作为最终值；以此数值进行数据拟合，则旋耕刀齿长度与排列密度的关系按下式计算：

$$L = 0.88113x + 66.27w \quad (3)$$

在公式（3）中，x 为排列刀齿数量，单位为个；

由此可求得排列刀齿数量 x。

3. 根据权利要求2所述的旋耕残膜回收机的起膜参数设计优化方法，其特征还包括：

步骤5：信号传输与显示；

其中，传感器信号通过电路传送到数据接收器，数据接收器由 MSP430 单片机系统设计组成，内部由编程实现信号的接收、信号的转换与计算处理，其中，拉力值的计算由公式（1）计算得出，扭力的计算由公式（3）计算得出，公式（2）用于优化旋耕刀齿长度与排列密度的设计参数，此设计参数的数值通过显示器终端显示。

技术领域

本发明涉及机械领域，更具体地，涉及残膜回收机的刀齿长度与排列密度的设计优化方法及装置。

技术背景

耕层残膜是指土壤层中残留的地膜碎片，现阶段主要采取旋耕扎辊的方式对土壤中地膜碎片进行回收，回收难度较大。市场上耕层残膜回收机缺少，主要原因是残膜回收机起膜效果差，其设计农机具未能进行最优化设计，达不到使用要求，降低了作业后的残膜回收率。其中，残膜回收机作业速度与起膜装置旋转轴之间的匹配关系未能建立，性能优良的残膜回收机需要进行最优化设计。现有的耕层残膜回收机最优化设计时检测难度大，设计精度低，设计参数难以准确测量，测量的系统装置过于复杂，不利于使用。起膜刀齿长度与排列密度等参数是耕层残膜回收机最关键的设计参数，刀齿长度、排列密度等参数对样机的作业速度、拉力、起膜刀齿轴扭矩有密切影响，直接影响残膜回收率。其设计精度对残膜回收机的作业性能有较大影响。

发明内容

本发明提供一种专门针对残膜回收机、旋耕作业农机具产品设计的起膜刀齿长度与排列密度等参数的设计优化方法与试验测量装置。本发明的目的是为了解决现有的耕层残膜回收机、旋耕作业农机具最优化设计时检测难度大，设计精度低，设计参数难以准确获取等问题。本发明的方法可用于残膜回收机起膜刀齿长度与排列密度等参数的设计依据与农机试验装置参考。

本发明提供了一种旋耕残膜回收机的起膜参数设计优化装置，包括：

拉力传感器（1），与所述起膜参数设计优化装置的框架连接，用于与牵引动力相连；

数据接收器（2），固定在所述框架上；

电机（3），固定在所述框架上；

扭矩传感器（4），装入传动轴（7）之间；

旋耕刀片（5），设置在传动轴（7）上；

可调整行走轮（6），固定在所述框架的下部；

其中，电机（3）用于驱动传动轴（7），电机（3）与传动轴（7）连接，可调整行走轮（6）可上下移动以选择旋耕刀片（5）的入土深度，传动轴（7）与旋耕刀片（5）连接以驱动旋耕刀片（5），拉力传感器（1）的数据线、扭矩传感器（4）的数据线分别接入传感器的数据接收器（2），数据接收器（2）与计算机连接。

本发明还提供了一种旋耕残膜回收机的起膜参数设计优化方法，包括：

步骤1：起膜参数设计优化装置的连接与信号接入；

步骤2：传感器数据的计算与分析处理，传感器信号的放大，数据的模数转换；

由数据接收器（2）判断传感器信号是否接入，将传感器数据接入信号放大电路以及进行模数转换；

步骤3：拉力值数据的计算分析，扭矩数据的计算分析，其中，拉力值的计算由公式（1）计算得出，扭力的计算由公式（2）计算得出，公式（3）用于试验设置时旋耕刀齿长度与排列密度的设计参数；

其中，测试所采用的拉力值 F_L 依照如下数学关系计算：

$$F_L = M + \frac{1.805 w \times \delta}{K} \quad (1)$$

在公式（1）中，M 为起膜装置整机质量，单位为 kg；w 为旋耕刀齿长度与排列密度比例系数；为作业深度，单位为 mm；K 为行走轮滑动摩擦调节系数，与土壤环境参数有关；通过公式（1）由拉力试验得到 w 值；通过设置不同的旋耕刀齿长度与排列密度，起膜参数设计优化装置进行拉力试验，测试得到最优拉力对应的 w 值；

根据扭力系统测试实验结果，旋耕刀片设计长度参数 L、扭矩传感器接触应力与旋耕传动轴扭力 T 关系按以下模型计算：

$$T = \int 2.17 \times \frac{\varphi \tau}{L} dA\tau \quad (2)$$

在公式（2）中，φ 为旋耕刀片入土角度，弧度；τ 为扭矩传感器接触应力，单位为 kPa；L 为旋耕刀片设计长度，单位为 mm；通过公式

(2)由扭矩试验得到 L 值;通过起膜参数设计优化装置进行扭矩试验,测试得到最优扭矩对应的 L 值;

步骤4:利用拉力与扭矩数据,根据计算公式(1)、(2),分析得出试验台的扭力、拉力值等,以此进行旋耕刀齿长度与排列密度关系试验,以最小的拉力、最优的扭矩力通过试验数据拟合得到旋耕刀齿长度与排列密度的关系模型;

其中,先以拉力与扭矩数据,根据计算公式(1)、(2),分析得出试验台的扭力、拉力值所对应的旋耕刀片设计长度参数 L、旋耕刀齿长度与排列密度比例系数 w 的初始值;

然后以不同旋耕刀齿长度与排列密度进行土槽试验,进行残膜回收机回收试验,选取回收率最好的对应值作为最终值;以此数值进行数据拟合,则旋耕刀齿长度与排列密度的关系按下式计算:

$$L = 0.88113x + 66.27w \qquad (3)$$

在公式(3)中,x 为排列刀齿数量,单位为个;

由此可求得排列刀齿数量 x。

在上述方法中,还包括:

步骤5:信号传输与显示;

其中,传感器信号通过电路传送到数据接收器,数据接收器由MSP430单片机系统设计组成,内部由编程实现信号的接收、信号的转换与计算处理,其中,拉力值的计算由公式(1)计算得出,扭力的计算由公式(3)计算得出,公式(2)用于优化旋耕刀齿长度与排列密度的设计参数,此设计参数的数值通过显示器终端显示。

本发明提供的装置和方法可以用于优化起膜刀齿长度与排列密度等参数,可以准确地确定所需的设计参数,设计精度更高,有利于提高起膜机的残膜回收率。本发明的方法可用于残膜回收机起膜刀齿长度与排列密度等参数的设计依据与农机试验装置参考。

附图说明

图1示出了本发明的耕层残膜回收机的刀片长度和排列密度参数的测试系统,其中,1.拉力传感器;2.数据接收器;3.旋耕电机;4.扭矩传感器;5.旋耕刀片;6.可调整行走轮;7.传动轴。

图 2 示出了本发明的耕层残膜回收机旋转轴与刀齿排列示意图。

图 3 示出了本发明的旋耕刀片示意图,其中 8. 刀齿片底座;9. 刀齿片;10. 刀齿。

具体实施方式

下面的实施例可以使本领域技术人员更全面地理解本发明,但不以任何方式限制本发明。

如图 1 所示,提供了一种旋耕残膜回收机起膜参数测量装置。选取合适牵引动力与拉力传感器(1)相连,将扭矩传感器(4)装入传动轴(7)之间,电机(3)用于驱动传动轴(7),电机(3)与传动轴(7)可以通过铰链或皮带等连接,电机(3)可以固定在框架上。可调整行走轮(6)固定在框架上并且可上下移动以选择旋耕刀片(5)与土壤的接触深度,即入土深度。传动轴(7)与旋耕刀片(5)连接以驱动旋耕刀片(5)。将拉力传感器(1)的数据线、扭矩传感器(4)的数据线分别接入传感器的数据接收器(2),数据接收器(2)与计算机连接并且固定在框架上。

测试时,可试验不同入土壤深度的装置条件所受到的传动轴扭矩力,获得不同入土深度条件,不同旋耕刀片尺寸的工作参数与设计参数,从而实现对农机的优化设计。测试采用软件记录形式对测量数据进行自动记录。其中,试验所采用拉力值 FL 依照数学关系式(1)自动计算并显示结果,其结果可以反映出当前作业条件下的机具阻力情况。旋耕刀齿长度与排列密度的关系函数 Y 的计算也可获得对应作业条件下的旋耕刀片设计数据。

本发明采用一种耕层残膜旋耕刀片式起膜装置,通过扭矩与拉力测试方法,构建一种算法模型,以此来获得起膜旋耕刀片排列方式、长度、旋转速度等设计参数,进而获得设计机具所需要优化参数,其具体的技术方案为:

一种旋耕残膜回收机起膜参数设计优化方法主要通过测量起膜装置在调整各类入土深度、土壤条件等工作参数基础上的拉力数据、传动轴扭矩数据等,通过计算模型,分析得出机具最优比阻、最优旋耕刀片长度、旋转速度、排列方式等优化数据,从而可以更好地为旋耕类农机具设计工作服务。

本发明的参数设计优化方法主要包括以下步骤：

步骤1，旋耕残膜回收机起膜装置的连接与信号接入；

进一步地，选取合适牵引动力与拉力传感器（1）相连，将扭矩传感器（4）装入传动轴（7）之间，控制可调整行走轮（6）的上下移动以选择旋耕刀片（5）与土壤的接触深度，即入土深度。将拉力传感器（1）的数据线、扭矩传感器（4）的数据线分别接入传感器的数据接收器（2），将数据接收器（2）与计算机连接。

步骤2，传感器数据的计算与分析处理，传感器信号的放大，数据的模数转换；

进一步地，由数据接收器（2）判断传感器信号是否接入，将传感器数据接入信号放大电路以及进行模数转换。

步骤3，拉力值数据的计算分析，扭矩数据的计算分析，其中，拉力值的计算由公式（1）计算得出，扭力的计算由公式（2）计算得出。公式（3）用于试验设置时旋耕刀齿长度与排列密度的设计参数；

进一步地，测试所采用的拉力值 F_L 依照如下数学关系计算：

$$F_L = M + \frac{1.805w \times \delta}{K} \quad (1)$$

在公式（1）中，M 为起膜装置整机质量，单位为kg；w 为旋耕刀齿长度与排列密度比例系数；为作业深度，单位为mm；K 为行走轮滑动摩擦调节系数，与土壤环境参数有关，其中沙壤土取1.1。通过公式（1）可由拉力试验得到 w 值。通过设置不同的旋耕刀齿长度与排列密度，起膜参数设计优化装置进行拉力试验，测试得到最优拉力对应的 w 值。

根据扭力系统测试实验结果，旋耕刀片设计长度参数 L、扭矩传感器接触应力与旋耕传动轴扭力 T 关系按以下模型计算：

$$T = \int 2.17 \times \frac{\varphi \tau}{L} dA\tau \quad (2)$$

在公式（2）中，φ 为旋耕刀片入土角度，弧度；τ 为扭矩传感器接触应力，单位为kPa；L 为旋耕刀片设计长度，单位为mm。通过公式

（2）可由扭矩试验得到 L 值。通过测试装置进行扭矩试验，测试得到最优扭矩对应的 L 值。

步骤4，利用拉力与扭矩数据，根据计算模型（1）、（2），分析得出试验台的扭力、拉力值等，以此进行旋耕刀齿长度与排列密度关系试验，以最小的拉力、最优的扭矩力通过试验数据拟合得到旋耕刀齿长度与排列密度的关系模型。

进一步地，先以拉力与扭矩数据，根据计算公式（1）、（2），分析得出试验台的扭力、拉力值所对应的旋耕刀片设计长度参数 L、旋耕刀齿长度与排列密度比例系数 w 的初始值；

然后以不同旋耕刀齿长度与排列密度进行土槽试验，进行残膜回收机回收试验，选取回收率最好的对应值作为最终值。以此数值进行数据拟合，则旋耕刀齿长度与排列密度的关系可按下式计算：

$$L = 0.88113x + 66.27w \tag{3}$$

在公式（3）中，x 为排列刀齿数量，单位为个。

由此可求得排列刀齿数量 x。

步骤5，信号传输与显示；

传感器信号通过电路传送到数据接收器，数据接收器由MSP430单片机系统设计组成，内部由编程实现信号的接收、信号的转换与计算处理，其中，拉力值的计算由公式（1）计算得出，扭力的计算由公式（3）计算得出。公式（2）用于优化旋耕刀齿长度与排列密度的设计参数。此数值可以通过显示器终端显示。

下面描述具体的实施例以更好地理解本发明。

旋耕残膜回收机起膜参数测量装置如图1所示。选取合适牵引动力与拉力传感器（1）相连，将扭矩传感器（4）装入传动轴（7）之间，控制可调整行走轮（6）的上下移动以选择旋耕刀片（5）与土壤的接触深度，即入土深度。将拉力传感器（1）的数据线、扭矩传感器（4）的数据线分别接入传感器的数据接收器（2），将数据接收器（2）与计算机连接。测试时，可试验不同入土壤深度的装置条件所受到的传动轴扭矩力，获得不同入土深度条件，不同旋耕刀片尺寸的工作参数与设计参数，从而实现对农机的优化设计。测试采用软件记录形式对测量数据进行自动记录。其中，试验所采用拉力值 FL 依照数学关系式（1）自动计算并显示结果，其结果可以反映出当前作业条件下的机具阻力情况。旋耕刀齿长度与排列密度的关系函数 Y 的计算也可获得对应作业条件下的旋耕刀片设计数据。

具体的设计优化方法包括如下步骤：

步骤 1，旋耕残膜回收机起膜装置的连接与信号接入。按照图 1 所示方式进行接线。

步骤 2，传感器数据的计算与分析处理，传感器信号的放大，数据的模数转换；该步骤由单片机程序根据实验的关系式编程实现。

步骤 3，拉力值数据的计算分析，扭矩数据的计算分析，其中，拉力值的计算由公式（1）计算得出，扭力的计算由公式（2）计算得出。

具体地，测试所采用的拉力值 F_L（N）依照如下数学关系计算：

$$F_L = M + \frac{1.805w \times \delta}{K} \quad (1)$$

在公式（1）中，M 为起膜装置试验装置，共 900 kg；w 为旋耕刀齿长度与排列密度比例系数；为作业深度，设置为 20 mm，K 为行走轮滑动摩擦调节系数，与土壤环境参数有关，其中试验用为沙壤土，取 0.86。通过公式（1）可由拉力试验得到 w 值。通过测试装置进行拉力试验，测试得到最优拉力对应的 w 值。试验结果如表 1 所示，表 1 示出了旋耕刀齿长度与排列密度比例系数试验结果

表 1

序号	拉力值 F_L（N）	w 旋耕刀齿长度与排列密度比例系数
1	1200	7.15
2	1006	2.53
3	980	1.91
4	1050	3.57

根据该试验结果，当拉力值为 980N 时，设置旋耕刀齿长度与排列密度时的样机作业阻力最小，此时旋耕刀齿长度与排列密度比例系数

$w=1.91$。

之后,根据扭力系统测试实验结果,旋耕刀片设计长度参数 L、扭矩传感器接触应力与旋耕传动轴扭力 T 关系按以下模型计算:

$$T = \int 2.17 \times \frac{\varphi\tau}{L} dA\tau \quad (2)$$

在公式(2)中,φ 为旋耕刀片入土角度,弧度,设为65°;τ 为扭矩传感器接触应力,通过数显可以读出,单位为 kPa;L 为旋耕刀片设计长度,单位为 mm。通过公式(2)可由扭矩试验得到 L 值。设定不同转速,入土深度仍为 20 mm,通过测试装置进行扭矩试验,测试得到最优扭矩对应的 L 值。重复如上试验,得到试验结果如表2所示。

表2

序号	扭矩值(N.m)	L,刀齿长度(mm)
1	284	149
2	236	142
3	356	155
4	387	161

步骤4,利用拉力与扭矩数据,根据计算模型(1)、(2),分析得出试验台的扭力、拉力值等,以此进行旋耕刀齿长度与排列密度关系试验,以最小的拉力、最优的扭矩力通过试验数据拟合得到旋耕刀齿长度与排列密度的关系模型。

具体地,先以拉力与扭矩数据,根据计算模型(1)、(2),分析得出试验台的扭力、拉力值所对应的旋耕刀片设计长度参数 $L=142$ mm、旋耕刀齿长度与排列密度比例系数 w 的初始值 $=1.91$;

然后,以不同旋耕刀齿长度与排列密度进行土槽试验,进行残膜回收机回收试验,选取回收率最好的对应值作为最终值。以此数值进行数据拟合,由公式(3)计算可得,$x=17.5$。据此,可全部求解出最准确的旋耕刀片设计长度参数、排列密度齿数。

本领域技术人员应理解,以上实施例仅是示例性实施例,在不背离本申请的精神和范围的情况下,可以进行多种变化、替换以及改变。
说明书附图

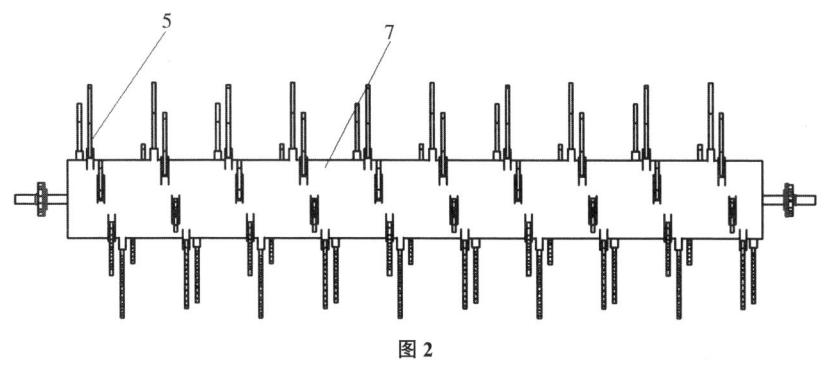

图 2

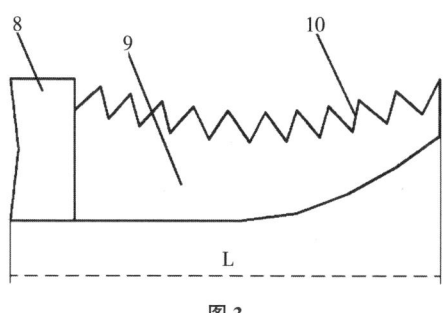

图 3

115. 一种阈值自适应的农田残膜图像二值化和残留量计算的方法及装置

一种阈值自适应的农田残膜分割方法,其特征包括如下:

S1. 基于近地无人机航拍技术对整地后的农田采集可见光图像;

S2. 对采集的图像人为标注位置信息;

S3. 将原始残膜图像和对应的标签文件分成训练集和测试集;

S4. 构建基于深度学习的残膜检测模型,其特征包含可形变卷积核、可微分二值化公式、焦点损失函数;

S5. 将训练得到的模型用于预测,得到灰度图和精确的灰度值矩阵;

S6. 根据灰度值矩阵，提出一种自适应的残膜图像二值化阈值的计算公式；

S7. 提出表层单位残膜残留量计算公式；

S8. 提出一种图像占比的预警系统，对比文献 11 是以农田残膜总质量作为污染分等定级方法，由于残膜在土壤表层的分布与土壤深层分布具有一定数学关系，且表层图像预测具有更准确性，因此，提出以残膜二值化图像像素占总拍摄图像像素的比例，为残膜像素所占比例，$P_i = \frac{P_{i1}}{P} \times 100\%$，即二值化残膜在图像中相素点数与总图片相素点数 P 之比，第一级预警值为 >5.5%；第二级预警值为 4%<5.5%；第三级预警值为 2.0%<4%；第四级预警值为 <2.0%。

技术领域

本发明涉及农田面源污染监测技术领域，主要指基于近地无人机航拍技术对农田表层残膜残留量进行自动监测与污染预警。

技术背景

覆膜技术具有增温、保墒、节水、增产等作用，随着覆膜种植技术的推广地膜残留问题也日益凸显，以治理农业环境并保护耕地为目的，对耕地残膜进行回收成为越来越迫切的问题。面源污染的治理离不开先进的面源污染监控技术，因此，快速准确地评估田间残膜污染分布情况，对于指导田间残膜机械化回收，具有较大的现实意义。文献 1～文献 6 采取了人工取样测量方法去监测农田残膜的污染情况，这类方法同样具有选定区域随机性、人为影响因素大等问题，影响了最终监测的数据精度。

文献 7 提出基于无人机遥感图像的残膜识别方法，主要利用图像的 HSV 色彩空间，使用脉冲耦合神经网络分割法，进行农田残膜识别，此方法能较好地分割出阳光直射区和阴影区的残膜。文献 8 使用无人机对垂直拍摄的 6 叶期单垄单行烟田图像，使用迭代阈值分割算法进行识别。

图像检测地膜残留量方法明显具有先进性，文献 9 记载了一种农田土壤表层残膜残留量的测量方法及系统,该方法首先采用无人机拍照的方式获取农田图像资料,再对图像文件进行预处理后,采用闭合运算与腐蚀运算,将二值化后的残膜形状灰度值进行量化统计相加,获取农田残膜的表层面积,再通过折算公式推出表层残膜残留的质量。另外,表层与深层残膜之间呈现一定数学关系,利用这个关系式,可计算出拍摄区域内的残膜残留值。

然而,通过大量的试验,发现以上方法虽然具有一定先进性,但是在不同的土壤环境、光照条件、拍摄角度,土壤色泽等方面的监测数据是有较大差异的,此外,该类方法的本质是基于固定阈值进行图像二值化,阈值的设置无法做到每张图像上的自适应,存在明显的精度瓶颈。因此,亟须一种对环境噪声更鲁棒、精度更高的残膜残留量方法。而文献10,提出一种可微分二值化网络用于文字检测,可将其借鉴到残膜检测领域。针对传统评估方法劳动强度高、效率低和固定阈值具有局限性等问题,本发明开展了基于近地无人机航拍的田间残膜污染评估方法的研究,提出了适用于残膜检测的深度学习模型;提出一种自适应的残膜图像二值化阈值的计算公式,实现阈值的自动寻优;提出表层单位残膜残留量计算公式,建立了农田残膜污染量计算的数学模型,通过田间试验验证了数学模型的准确性。

参考文献

文献1:CN105367887A。

文献2:CN102919087A。

文献3:CN204681800U。

文献4:CN204518352U。

文献5:牛瑞坤,王旭峰,胡灿,等.新疆阿克苏地区棉田残膜污染现状分析[J].新疆农业科学,2016,02:283-288。

文献6:严昌荣,梅旭荣,何文清,等.农用地膜残留污染的现状与防治[J].农业工程学报,2006,22(11):269-272。

文献7:吴雪梅,梁长江,张大斌,等.基于无人机遥感影像的收获期后残膜识别方法[J].农业机械学报,2020,51(08):189-195。

文献8：梁长江，吴雪梅，王芳，等.基于无人机的田间地膜识别算法研究［J］.浙江农业学报，2019，31（06）：1005-1011。

文献9：CN106644939A。

文献10：Liao M, Wan Z, Yao C, et al. Real-time Scene Text Detection with Differentiable Binarization［J］. 2019。

文献11：国家标准（GBT 25413-2010）农田残膜残留量限值及测定。

发明内容

为克服传统评估方法劳动强度高、效率低和基于固定阈值方法存在的局限性，进一步提高残膜残留量计算的准确性和对环境噪声的鲁棒性，本发明提出了一种适用于残膜检测的深度学习模型。

本公开实施例的第一方面，提供一种农膜残留量的检测方法，其特征在于包括如下步骤：

S1. 基于无人机航拍技术对整地后的农田采集可见光图像；

S2. 对采集的图像人工标注位置信息；

S3. 将原始残膜图像和对应的标签文件分成训练集和测试集；

S4. 构建基于深度学习的残膜检测模型，其特征包含可形变卷积核、可微分二值化公式、焦点损失函数。

S5. 将训练得到的模型用于预测，得到灰度图和精确的灰度值矩阵。

S6. 根据灰度值矩阵，提出一种自适应的残膜图像二值化阈值的计算公式。

S7. 提出表层单位残膜残留量计算公式。

卷积操作经常用于图像特征的提取，而常见的卷积核形状是矩形，但在对采集得来的残膜图像进行分析时，会发现残膜形状通常是不规则的，为此，本发明将一种形状可变的卷积核应用于残膜图像的特征提取阶段。可形变卷积的公式如下：

$$y(p) = \sum_{k}^{K} w_k \cdot x(p + p_k + \Delta p_k) \cdot \alpha$$

其中 K 为卷积核采样点个数；为第 k 个采样点的权值；第 k 个采样

点的位置偏移量；为卷积学习得到的第 k 个采样点的位置偏移量；为调制因子，取值范围 [0,1]，表示网络对采样区域感兴趣程度；定义为输入特征位置 p 的特征；定义为输入特征位置 p 的特征。

如图 1a 所示，是标准卷积提取的特征效果；如图 1b 所示，是可形变卷积提取的特征效果。可以发现可形变卷积对不规则物体的拟合效果更好，更适用于残膜图像的特征提取。

图像二值化是图像目标检测常用的预处理环节，也是统计残膜残留量的必要环节。在已公开的文献报道中，通常用的是标准的二值化公式，而此公式由于不可微分性，无法随不同图像自适应调节阈值。本发明将可微二值化公式运用于残膜检测网络，使二值化的阈值也能随网络进行训练学习，具体公式如下：

$$B_{i,j} = \frac{255}{1+e^{-k(P_{i,j}-T_{i,j})}}$$

$B_{i,j}$ 表示二值图里第 i 行、第 j 列的像素取值；$P_{i,j}$ 代表概率图里第 i 行、第 j 列的像素值；$T_{i,j}$ 代表阈值图里第 i 行、第 j 列的像素值；K 是放大因子，取值为 40、50 或 60，默认情况下为 50，当训练数据中大部分图像的残膜与背景对比十分清楚时，取值 40，当训练数据中大部分图像的残膜与背景对比十分模糊时，取值 60。

图 2 是标准二值化（蓝线）和可微二值化（红线）的对比图。

损失函数是神经网络中进行优化的目标函数，针对残膜图像目标尺度细小、环境噪声大、难学习等难点，本发明将焦点损失作为网络损失函数，其特点是能最大程度挖掘出难学习的样本。

$FL(p_t) = -\alpha_t(1-p_t)^\gamma \log(p_t) - (1-\alpha_t)p_t^\gamma \log(1-p_t)$，$FL(p_t)$ 是带焦点损失的二值交叉熵，其中 p_t 是权重，a_t 是正样本概率，被称为聚焦参数，整体被叫作调制系数。此公式使模型在训练时更关注难分类样本。

通过训练得到的模型对残膜图像进行预测，得到的灰度值矩阵如图 3。可以看出，应用可微二值化公式后，得到的灰度值是小数形式，更为精确。

自适应的残膜图像二值化阈值，根据每张图的灰度值矩阵，得到该图的自适应二值化阈值。公式如下

$Bd = \overline{M} + 1$，M 是通过深度学习模型预测出的灰度值矩阵，大小为 w×h（原图的宽和高）；$\overline{M}$ 是矩阵均值；Bd 即为适用于该图的二值化阈值。

根据二值化后的图像，计算残膜面积占比，公式如下：

$$R = \frac{n_w}{w \times h}$$

n_w 是二值化后残膜像素点（白色像素点）个数；w 是图像宽度像素值；h 图像高度像素值；R 是残膜在图像中的面积占比。

根据残膜在图像中的面积占比，提出表层单位残膜残留量计算公式，如下：

$$Q_{rpf} = 11 \times R + 0.0001 \times Bd$$

R 是残膜在图像中的面积占比；Bd 即为适用于该图的二值化阈值；Q_{rpf} 表层单位残膜残留量，单位为克/平方米。

提出一种图像占比的预警系统，对比文献 11 是以农田残膜总质量作为污染分等定级方法，由于残膜在土壤表层的分布与土壤深层分布具有一定数学关系，且表层图像预测具有更准确性，因此，提出以残膜二值化图像像素占总拍摄图像像素的比例，为残膜像素所占比例，

$$P_i = \frac{P_{r1}}{P} \times 100\%$$

即二值化残膜在图像中相素点数 P_{r1} 与总图片相素点数 P 之比，第一级预警值为 $P_i > 5.5\%$；第二级预警值为 $4\% < P_i < 5.5\%$；第三级预警值为 $2.0\% < P_i < 4\%$；第四级预警值为 $P_i < 2.0\%$。

附图说明

图 1 标准卷积和可形变卷积对比图。

图 2 标准二值化和可微二值化的对比图。

图 3 灰度值矩阵。

图 4 本发明专利的技术路线图。

图 5 原始残膜图像。

图 6 残膜检测图。

图 7 残膜灰度图。

图 8 残膜二值图。

具体实施方式

这里将详细地对示例性实施例进行说明,以下示例性实施例中所描述的实施方式并不代表与本公开相一致的所有实施方式。相反,它们仅是与如所附权利要求书中所详述的、本公开的一些方面相一致的装置和方法的例子。

整体的技术路线如附图4所示。

获取含有残膜的农田图像,图像通过大疆无人机平台采集,选取长期覆膜种植农田,采集不同时段、不同光照条件下的图像。可见光图像传感器像素大于600万像素,农田图像信息获取的光照度大于2000lx,设置可见光传感器波长为390~780nm。无人机设定可见光传感器离农田拍摄高度为5m,环境风速小于5m/s,调整无人机云台,将可见光传感器与农田表面进行垂直拍摄,相机视场角为840,设置记录好拍摄的初始经纬度坐标,沿农田边界进行飞机拍摄,获取农田表层残膜的可见光信息。

将采集得到的图像数据进行残膜位置信息标定,使用的标定工具为"精灵标注助手"生成标签文件。

将所有数据按比例分成训练集和验证集,每一部分均有原始图像数据和对应标签数据。

设置训练轮数和批尺寸等训练参数,开始训练神经网络。本例分别设置为200和8。

完成训练,得到训练中最优的网络模型,用于预测。以预测图5为例,预测有两个输出结果,一是直观的检测效果图(图6),二是灰度矩阵和灰度图(图7)。

使用[0033]中的公式算出适应该图的二值化阈值为52,得到残膜二值化图(图8)。

根据[0035]中的公式,算出残膜在此图像中占比$R=2.1919\%$。

根据[0037]中的公式,算出残膜残留量为$0.2463g/m^2$。

根据残膜预警系统计算,则此时残膜污染为三级预警。

说明书附图

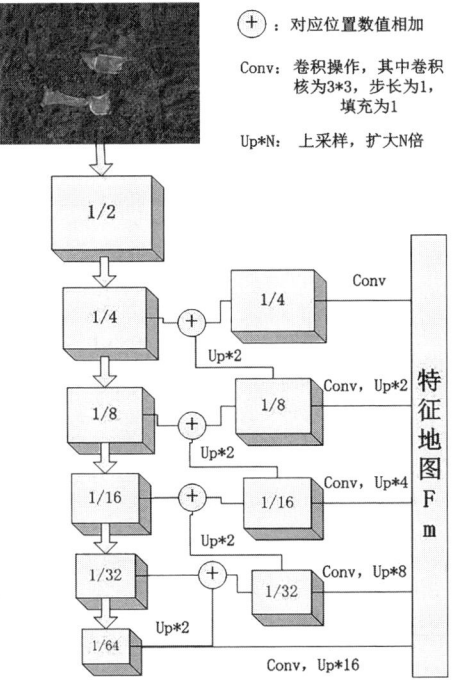

图 1 标准卷积和可形变卷积对比图

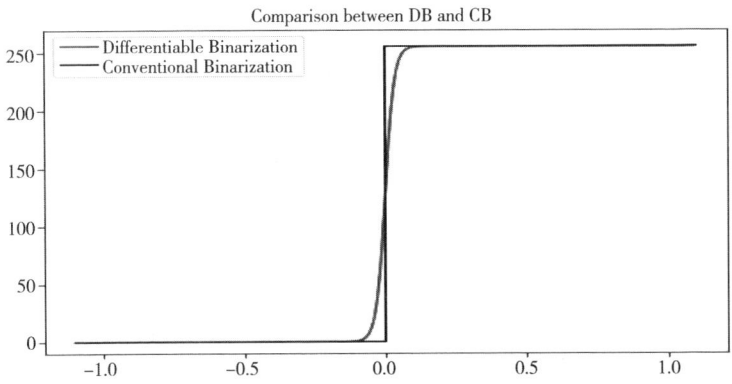

图 2 标准二值化和可微二值化的对比图

```
[[50.300037 50.53987  50.17205  ... 50.353054 49.77769  48.68587 ]
 [50.014317 49.836166 49.47803  ... 49.763226 49.042034 48.920982]
 [50.492138 50.465157 49.99862  ... 50.09842  49.429253 50.054207]
 ...
 [49.7262   50.15094  50.498062 ... 49.768856 49.96927  49.62318 ]
 [50.74865  50.78789  49.717854 ... 50.448708 49.44351  49.960674]
 [49.50127  49.98738  49.30398  ... 50.198463 49.5278   49.019962]]
```

图3 灰度值矩阵

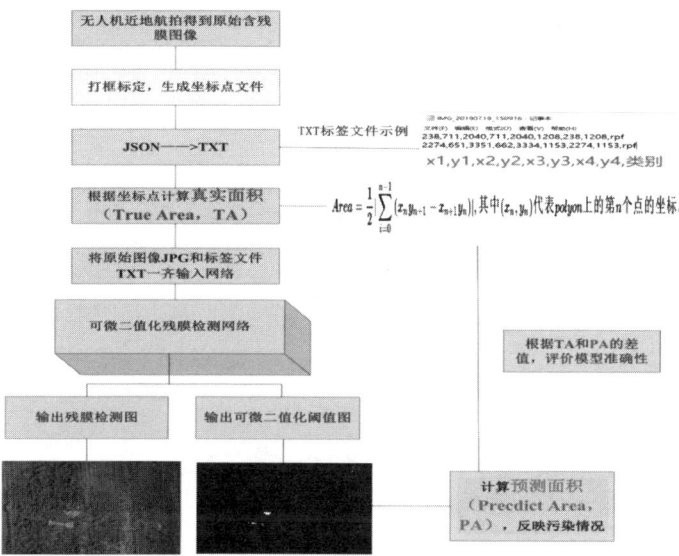

图4 本发明专利的技术路线图

图5 原始残膜图像

图 6 残膜检测图

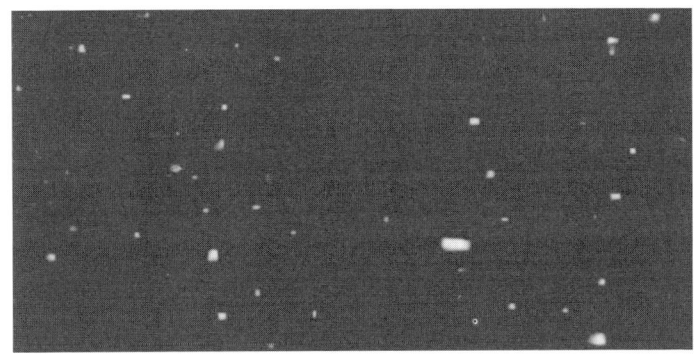

图 7 残膜灰度图

图 8 残膜二值图

参考文献

[1] 刘玉磊.瓦特.北京：中国社会出版社，2012.
[2]【美】安德鲁·卡内基/著，王铮/译.瓦特传：工业革命的旗手.南昌：江西教育出版社，2012.
[3] 国家知识产权局.知识产权政务服务事项办事指南.[2023-7-26].https://www.cnipa.gov.cn/col/col1510/.
[4] 国家知识产权局.系统使用手册.[2023-7-26]，https://www.cnipa.gov.cn/art/2023/1/6/art_3126_181282.html.